植物化学保护

教学案例

◎ 贺字典　主编

中国农业科学技术出版社

图书在版编目（CIP）数据

《植物化学保护》教学案例／贺字典主编．—北京：中国农业科学技术
出版社，2018.5

ISBN 978-7-5116-3592-1

Ⅰ.①植…　Ⅱ.①贺…　Ⅲ.①植物保护-农药防治-案例-研究生-教材
Ⅳ.①S481

中国版本图书馆 CIP 数据核字（2018）第 061820 号

责任编辑	闫庆健
文字加工	冯凌云
责任校对	李向荣

出 版 者	中国农业科学技术出版社
	北京市中关村南大街 12 号　邮编：100081
电 话	（010）82106632（编辑室）　　（010）82109702（发行部）
	（010）82109709（读者服务部）
传 真	（010）82106650
网 址	http://www.castp.cn
经 销 者	各地新华书店
印 刷 者	北京科信印刷有限责任公司
开 本	787 mm×1 092 mm　1/16
印 张	7.5
字 数	186 千字
版 次	2018 年 5 月第 1 版　2018 年 5 月第 1 次印刷
定 价	23.00 元

前　言

在当前国家大力发展应用型大学的背景下，如何为中等职业学校培养出胜任的教师和在植物保护行业从事科研工作及农业病虫害防治工作的科技工作者尤为重要。植物保护专业如何适应应用型教学的需要，为社会提供植物保护行业需要的应用型人才？为此我们在河北科技师范学院教务处、研究生部和河北省教育厅的合力资助下，就植物保护本科专业核心课程之一——《植物化学保护》和研究生农业推广硕士的选修课程——《农业信息技术》教学案例库的开发与应用进行了探索研究。

一、植物保护专业的能力培养目标

主要农林作物病、虫、草害等诊断技术、预测预报技术、防治技术等职业能力。农药、化肥、种子等生产资料生产、企业管理、市场营销、技术开发和推广等能力及相关法律法规方面知识运用的综合职业能力。

二、资助项目

河北科技师范学院本科教学研究项目"专业素材库建设及其网络资源的开发利用——以植物保护专业为例"和河北省专业学位研究生教学案例建设项目"《农业信息技术》教学案例库的开发与应用"资助编写《植物化学保护》教学案例。

受教育部项目"职业院校教师素质提高计划——《植物保护》专业职教师资培养标准、培养方案、核心课程和特色教材开发"项目组的委托，编委会编写这门教材。

植物化学保护从 20 世纪 50 年代起就成为高等农林院校植保专业的主要专业课。本教材共选取了 10 个学生真实实验的典型案例，在编写过程中注重对植物病虫害防治案例的实施、前因和后果分析，让本科生和研究生在学习过程中掌握核心能力的同时，了解病害症状、病原菌特征；害虫的为害特征、生物学特性；特别是将互联网等信息技术与病虫害诊断、防治相结合，体现了植物化学保护相关技术的实用性与即时性。

由于我们的知识能力有限，本教材难免有错误，希望读者批评指正。

编　者

2018 年 1 月 14 日

目　　录

案例一 生防菌种衣剂的研制及其对黄瓜流胶病的防治效果

一、案例材料

继 2014 年 12 月以来，李宝聚等报道河南扶沟、辽宁凌源、山东潍坊、山西晋中等黄瓜主产区暴发大面积的细菌性流胶病，黄瓜病茎和果实上出现流脓现象，后期茎果腐烂整株死亡。河北省秦皇岛市昌黎、山海关旱黄瓜生产基地，承德市的平泉、承德冬黄瓜种植区，唐山市乐亭、滦南等黄瓜种植区也相继报道该病大面积发生，无有效药剂进行防治，种植户只有毁种。

二、案例分析

（一）黄瓜流胶病发病症状

该病黄瓜叶片、果实、茎秆均可发病。叶片感病后从叶尖或叶缘向内呈"V"字形扩展，边缘暗褐色，叶片变薄变脆（图 1，图 2）。茎秆上往往先从黄瓜植株节结处下边 2~3cm 出现褐色斑点，呈水浸状，很快茎部出现开裂，并从裂缝处流出白色菌脓，干燥后发病部位有白痕或变褐变硬，严重时茎秆出现中空或腐烂（图 3，图 4，图 5）。黄瓜果实发病后果实顶端变细，流出白色黏稠透明状的液滴（菌脓），后期液滴凝固变成红褐色，瓜条变软、腐烂（图 6，图 7）。

图 1 叶片背面病斑呈"V"字形发展

图 2 叶片中部发病，形成不规则形病斑

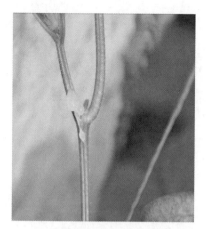

图3 发病部位初期白色菌脓

图4 发病后期流出的菌脓变成白痕

图5 发病部位后期腐烂开裂

图6 发病果实表面流出白色菌脓

图7 发病果实后期前端变细，腐烂

（二）拮抗病原菌的筛选

植物根际促生菌（plant growth promoting rhizobacteria，PGPR）是根际周围土壤中的一群自生细菌，通过产生抗生素方式抑制或减轻植物病害等对植物产生的不良影响。滕松山等从盐生植物碱蓬内分离到的 1-氨基环丙烷-1-羧酸（ACC）脱氨酶活性内生细菌 SS12 对萝卜枯萎病菌和黄瓜枯萎病菌具有拮抗作用。Ritu 等[11] 表明施用产生 ACC 酶的类芽孢杆菌（*Paenibacillus lentimorbus*）后，番茄根枯病的病情指数从 87.22 下降到 63.06。

1. PGPR 的分离

采集黄瓜流胶病发病田块黄瓜根系周围 0~20cm 深的土壤，按照四分法，每株采集 20g 土壤，带回实验室，分离 PGPR。称取 1g 耕作层土壤放入含 50mL PAF 培养液的三角瓶中，室温（21±1℃）振荡培养（200r/min）24h，PGPR 的富集培养。第 2 天，转移 1mL 菌悬液至另一个装有 50mL PAF 培养液的三角瓶中，同等条件下培养 24h。第 3 天，从 PAF 培养液中转移 1mL 菌悬液至装有 50mL DF 培养液的三角瓶中，相同条件下培养 24h。第 4 天，再转移 1mL 菌悬液至装有 50mL 的三角瓶 ADF 培养液的三角瓶中，相同条件下培养 48h，用于含 ACC 脱氨酶活性细菌的分离纯化。10 倍梯度稀释法稀释 ADF 培养液中菌悬液到 10-3—10-7 倍后，吸取 1mL 菌悬液涂布于 ADF 固体平板上，28℃恒温箱中培养 72h，划线分离，纯化后-80℃保存。

2. PGPR 菌悬液制备

将活化后的 PGPR 分别接种于 NB 液体培养基中，于 28℃、126rpm 条件下振荡培养 24~36h，利用紫外可见分光光度计测量吸光度值，用无菌蒸馏水调节 PGPR 浓度为 10^{10} CFU/mL，备用。

3. PGPR 对病原菌的生物活性测定

通过牛津杯法测定 PGPR 发酵液对黄瓜细菌性角斑病菌和黄瓜细菌性流胶病菌 2 种病原细菌的抑菌活性。吸取 100μL 病原菌悬浮液于 NA 平板表面，用涂布器涂匀，在每个平板上放置 3 个牛津杯，往牛津杯中加入 100μL 的供试 PGPR 发酵液，每个处理 3 次重复，以加入 3%中生菌素可湿性粉剂 600 倍液为对照，28℃恒温培养箱中培养，72h 后测量抑菌圈直径，测定 PGPR 对黄瓜细菌性流胶病菌的抑制效果。

抑制率（%）=（对照抑菌圈直径-处理抑菌圈直径）/对照抑菌圈直径×100

（三）PGPR 丸化种衣剂的制备

将筛选出来的对黄瓜细菌性茎软腐效果好的 CRG-2 菌株接种于 TSB 液体培养基中，28~30℃，120rpm 振荡培养 24h。将枯草芽孢杆菌接种于 NB 培养基中，120rpm 振荡培养 48h，分别测定 CRG-2 和枯草芽孢杆菌菌悬液 OD 值达到 0.8 以上 ［（菌量在（1~2）× 10^{10}CFU/mL）］。将菌悬液测定 OD 值后，用少量营养载体（营养载体中有腐殖酸、谷氨酸和玉米粉）和 600~800g/L 灭菌的硅藻土进行吸附，加入 10~20g/L 的羧甲基纤维素钠黏着剂、60~80g/L 的木质素磺酸钠分散剂、10~20g/L 的成膜剂聚乙烯醇和少量微量元素，混合后与种子搅拌均匀，使孢子粉剂均匀包衣在种子表面，即完成生防菌对黄瓜种子的丸化包衣处理，种衣剂与种子的重量比为 1∶10（w/w）（表 1）。

表 1   PGPR 丸化种衣剂助剂配比

组成	成分	比例
菌粉剂		
PGPR 悬浮液		1L
麦麸		100g
玉米粉		300g
填料	硅藻土（丸剂）	600g
助剂		
黏着剂	羧甲基纤维素钠	1%（10g）
分散剂	木质素磺酸钠	8%~9%（8g）
防腐剂	农用链霉素	1%（10g）
微肥	壳聚糖	0.1%（1g）
着色剂	刚果红	少量（着色即可）

（四）PGPR 包衣种子对黄瓜细菌性流胶病的田间防治效果

按照 GB/T 17980.110-2004 标准进行药效试验（表 2，表 3）。

表 2   PGPR 对黄瓜流胶病菌 *Pectobacterium carotovorum* subsp. *brasiliense* 的抑菌率（空白表）

PGPR 编号 PGPR Number	抑菌圈直径（mm） inhibitory zone diameter	抑菌率（%） Inhibition rate
1		
2		
3		
4		
5		
6		
7		
8		
9		
10		
11		
12		

表 3   PGPR 种衣剂对黄瓜流胶病的田间防治效果（空白表）

杀菌剂 Fungicides	病情指数 Disease index			防治效果（%）Control effect			平均
	重复1	重复2	重复3	重复1	重复2	重复3	
PGPR 种衣剂 1							
PGPR 种衣剂 2							
PGPR 种衣剂 2							

（续表）

杀菌剂	病情指数 Disease index			防治效果（%）Control effect			平均
Fungicides	重复1	重复2	重复3	重复1	重复2	重复3	
中生菌素							
空白对照							
清水对照							

1. 实验设计

试验田小区1m×8m，黄瓜株行距20cm×35cm，随机区组排列。试验设13个处理包括PGPR种衣剂、3%中生菌素50mg/kg、清水对照和空白对照，以上每处理重复3次，共12个小区。

2. 接种方法

当黄瓜长至两叶一心时利用针刺刷菌法接种——用消毒牙签在茎上扎6~8次，用毛刷蘸取5mL病菌菌悬液进行涂抹，最后用棉花包扎，利于保湿发病。于发病初期用电动喷雾器均匀定量喷雾。每个处理50mL PGPR菌液，以3%中生菌素可湿性粉剂600倍液为药剂对照，并设清水对照和空白对照。等清水对照发病后，根据黄瓜细菌性流胶病病情指数，调查黄瓜细菌性流胶病病情级别，计算防治效果（表4、表5）。

表4　PGPR对黄瓜流胶病菌 *Pectobacterium carotovorum* subsp. *brasiliense* 的抑菌率

PGPR编号 PGPR Number	抑菌圈直径（mm） inhibitory zone diameter	抑菌率（%） Inhibition rate
1	35.00	50.49±18.97c
2	26.00	34.31±8.49e
3	26.67	49.51±23.67c
4	45.00	65.69±12.33a
5	40.00	41.67±36.27d
6	8.33	12.25±21.22g
7	48.33	58.82±25.47b
8	16.00	13.73±11.89
9	15.00	22.06±38.20f
10	5.00	7.35±12.74cd
11	5.00	7.35±12.74h
12	4.00	32.84±42.53e
13	46.67	41.67±36.27d

表 5　PGPR 种衣剂对黄瓜流胶病的田间防治效果

杀菌剂 Fungicides	病情指数 Disease index	防治效果（%） Control effect
PGPR 种衣剂	30. 35	61. 20d
琥胶肥酸铜	21. 43	72. 61c
氢氧化铜	50. 00	36. 08f
代森锌	28. 57	63. 47d
中生菌素	14. 29	81. 73b
壬菌铜	35. 71	54. 35e
溴硝醇	14. 29	81. 73b
噻菌铜	14. 29	81. 73b
氢溴异氰尿酸	10. 28	86. 85a
乙蒜素	14. 90	80. 95b
空白对照	0. 00	—
清水对照	78. 23	—

病情指数=100×∑（各级病茎数×各级代表值）/（调查总株数×最高级代表值）

防治效果（%）=（清水对照区病情指数-处理区病情指数/清水对照区病情指数）×100

3. 数据统计分析

采用 Microsoft Excel 2003 和 SAS 9. 1. 3 软件对数据进行统计分析，采用单因素方差分析，LSD 法进行差异显著性检验。

（五）统计表格

将 PGPR 制成的种衣剂在温室条件下对黄瓜细菌性茎软腐病的防治效果达到 61. 20%，高于壬菌铜和氢氧化铜对黄瓜细菌性茎软腐病的防治效果，和代森锌的防治效果相近，但低于其他细菌药剂的防治效果。

【问题】

1. 黄瓜流胶病在我国大暴发的原因是什么？

2. 对于黄瓜流胶病防控策略是什么？

三、补充材料

（一）黄瓜流胶病的病原菌

对山东、山西、河南、河北、辽宁、北京 6 个省市的 96 个温室进行的病害调查，采集黄瓜细菌性流胶病样本 316 份，通过分离、纯化和柯赫氏法则验证，共获得病原菌 125 株。经过形态学、生理生化鉴定和分子生物学鉴定，明确了引起该病的病原菌分别为丁香假单胞流泪致病变种（*Pseudomonas syringae* pv. *lachrymans*）和胡萝卜软腐果胶杆菌巴西亚种（*Pectobacterium carotovorum* subsp. *brasiliense*），其中丁香假单胞流泪致病变种为引起黄瓜细菌性角斑病的病原菌（图8）。通常侵染黄瓜叶部，占全部分离病原菌的66%。另一种占全部分离病原菌的34%。

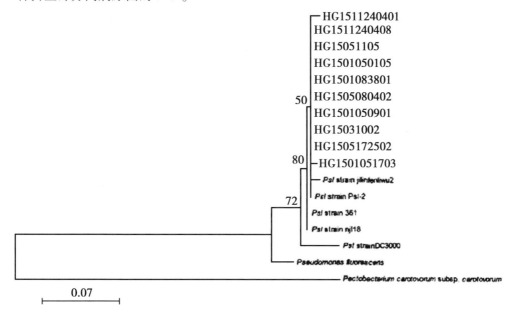

图8 基于16SrRNA序列构建的系统发育树

丁香假单胞流泪致病变种在田间的症状除了可以造成黄瓜叶片形成角状的病斑之外，还可在高湿的情况下在黄瓜叶片的背面、茎部和果实表面形成菌溢。该菌通常可通过附着于种子或者病残体上越冬。致病性检测结果表明，黄瓜细菌性角斑病致病变种的发病周期较长，因此即使在幼苗期环境不适宜的时候无明显症状出现，在成株期的适合条件下也可造成病害的暴发。

胡萝卜软腐果胶杆菌巴西亚种主要引起作物的茎软腐病。该菌在世界范围内广泛分布，并且寄主范围较为广泛，但是此前的研究主要以马铃薯为主。田间调查时发现，由于在田间的症状类似，因此黄瓜细菌性茎软腐病和细菌性角斑病极易混淆，此前一直被认为是由丁香假单胞流泪致病变种引起的黄瓜细菌性角斑病。但是该菌与胡萝卜软腐果胶杆菌巴西亚种有着明显的区别，在菌落形态上，丁香假单胞流泪致病变种的菌株颜色为灰白色近于无色，而胡萝卜软腐果胶杆菌巴西亚种菌株的颜色为乳白色近黄色。在生理生化的特征上，可在CVP培养基上生长，并且产生明显的凹陷，而丁香假单胞流泪致病变种无法在CVP培养基上产生凹陷。胡萝卜软腐果胶杆菌巴西亚种导致的黄瓜细菌性流胶病发病速度较快，人工接种24~48h即可导致茎部和果实的软腐，还可在高湿条件下导致叶部发生湿腐，同时在被侵染的组织的表面还可观察到流胶现象。由于丁香假单胞流泪致病变种存在潜伏期长的特点，因此在田间调查时发现，引起黄瓜流胶病的大部分的病原菌为胡萝卜软腐果胶杆菌巴西亚种而只有少部分为丁香假单胞流泪致病变种。

（二）黄瓜瓜条流胶病的区别

1. 菌核病的流胶发生部位在花下部，即瓜条顶端。开始的流胶多呈白色小米粒状，围绕瓜顶一周，后胶粒上生白霉，最后变成鼠粪状菌核。瓜顶花下这种流胶，常被人误认为是细菌病害，可以用一个塑料袋内喷一些水，把花下生胶瓜包在其中，置于较温暖的地方（冬天应放在暖气片附近），经 5 天左右，即可发现成为菌核。防治菌核病可对花部喷用 50%异菌脲或 50%农利灵 1 000 倍液，兼防灰霉病。

2. 黑星病的流胶发生在瓜体上，黑星病病斑上流的胶为红褐色。黑星病可侵染叶片成褐色小斑点，并造成叶穿孔或嫩叶边缘腐烂，致病叶为秃桩。结合这些特点，可综合瓜条上的麦粒状褐色小病斑及流胶多少不一等特征判断是黑星病。黑星病的防治，除降湿及高温处理外，可喷用腈菌唑及氟硅唑，但需控制浓度及使用次数，必要时要促进营养生长，以预防药物抑长造成"花打顶"问题发生。

3. 炭疽病会造成瓜条生褐色凹斑，多会开裂伴有红褐色胶流出。该病斑凹陷是很典型的，叶子上的病斑也比黑星病大得多，多不从边缘腐烂，区别于黑星病。炭疽病可用溴菌腈及咪鲜胺防治。

4. 使用"增瓜灵"等含有生长调节剂吡效隆的成分，当使用量大或浓度高时会引起某些瓜条上产生细小的裂纹，流胶，水果小黄瓜特别严重。这种流胶应属于药害范围。

（三）黄瓜流胶病的发病规律

黄瓜流胶病病原菌可在种子内、外以及随病残体在土壤中越冬，也可在非寄主作物上越冬。带菌种子一般在种子萌发时侵害子叶，引起幼苗发病。田间病菌主要通过各种伤口侵入植株，借助水流、飞溅水滴、昆虫携带、结露以及植株调整等农艺措施传播蔓延。长时间高湿利于病情的发展蔓延。田间郁闭，棚室相对湿度 80%以上，叶片上积水能加快病情的发展，空气湿度越高病情发展越快。光照不足也有利于病害的发展。连阴寡照、棚内长时间高湿、温度适宜（22~30℃）是最有利于该病原菌发展的环境条件。此外，昼夜温差大，导致植株体微伤口增多，也有利于发病。有专家调查发现，棚室温度 19~24℃维持 10 天以上，一旦升温，棚内的中午温度高，昼夜温差大，该病发生严重。在黄瓜种植管理期间，嫁接、定植、绕蔓、打叶、剪卷须和摘瓜等农事操作均易对植株造成伤口，尤其在寡照、高湿天气下，非常有利于病原菌侵染传播，对病害在田间的蔓延加重有明显促进作用。

（四）黄瓜流胶病的综合防治措施

1. 植物检疫
异地购苗需做好植物检疫手续。

2. 种子消毒
种子带菌是该病的主要初侵染源之一，对种子进行消毒处理能够有效避免或者大幅度减轻初始侵害。同时，由于嫁接砧木也能感染此病，故砧木种子也应进行种子消毒。为避免种子消毒技术使用不当影响种子活力，建议在技术人员指导下应用，或者用少量种子先做安全性试验。

3. 温汤浸种
将种子筛选干净，先常温浸种 15min，后转入 55℃的热水中浸种，不停搅拌，保持水温 15~20min，之后水温自然冷却，在 20~30℃，继续浸种 4h，最后将种子洗净待播。该方法对种子表面的细菌杀灭效果较好，对种子内部的细菌杀灭效果差。

4. 干热消毒

首先在 60℃ 左右条件下通风处理 2~3h，确保种子充分干燥，种子含水量要低于 4%；然后在 70~75℃ 条件下恒温干热处理种子 3 天即可。处理后的种子要尽快使用，不宜长时间留存。该方法对种子外表面和内部的细菌具有较好的杀灭效果。

5. 药剂处理

药剂拌种和浸种都可以，对种子表面细菌杀灭效果好。拌种可采用种子重量 0.3% 的 47% 春雷王铜可湿性粉剂。浸种可用 0.5% 次氯酸钠溶液浸泡种子 20min，或者硫酸铜 100 倍液浸泡 5min，然后再清洗干净。

6. 无病土育苗

无论是黄瓜还是砧木，最好选用已消毒基质育苗；如无适合基质，可用坡地生土或未种过蔬菜的大田土，配制营养土的农家肥应该腐熟且未经蔬菜残体污染。

7. 轮作或土壤消毒

优先选取地势干燥、通风排水良好、前茬未种植过瓜类及茄果类蔬菜的地块进行黄瓜栽培。上茬发病棚室的土壤中会留存大量病残体，将成为新茬黄瓜的病菌初始来源。可在夏季蔬菜换茬期，利用太阳能加有机肥料和秸秆产生高温消毒的办法，进行土壤消毒，能够压低土壤中菌源量。在定植前，按照每 667m² 1kg 77% 硫酸铜钙可湿性粉剂的用量，采用拌土的方法均匀撒施于栽植沟内或定植穴内，混土后栽植。

8. 农业防治

优先采用高垄覆膜，膜下暗灌的栽培方式，有条件的田块应采用滴灌进行灌溉。清洁田园，保持大棚内清洁卫生。门口和过道上撒生石灰，农事操作时穿专用胶鞋。控制田间湿度，缩小昼夜温差。减少田间操作，避免与发病棚串棚走动。连阴寡照天气，或者早上棚室湿度较大、结露较多时，避免或者减少整枝、打杈、绕蔓和采摘等农事操作，利于控制病害在田间的侵染蔓延。及时清除老（病）叶，零星发病时尽快拔除中心病株和附近的植株，并对植株病残体做无害处理。

9. 药剂防治

在定植时带药定植。利用蘸根的方式用 77% 硫酸铜钙可湿性粉剂 400~500 倍液蘸根定植。在发病前期或初期，可选 3% 中生菌素可湿性粉剂 800~1 000 倍液或 2% 春雷霉素水剂 500 倍液，每隔 5~7 天喷施 1 次，连喷 3~4 次，必要时还要增加喷药次数。也可在发病初期选用 20% 噻菌铜悬浮剂 500~700 倍液或 77% 氢氧化铜可湿性粉剂 1 000 倍液，每隔 7~10 天喷施 1 次，连喷 2~3 次。药剂应轮换使用，可延缓抗药性的产生。由于黄瓜是连续采收作物，收获时应注意农药的安全间隔期。

四、参考文献

董瑞利 . 2014. 喷雾喷粉两用 200 亿活芽孢/克甲基营养型芽孢杆菌可湿性粉剂的研制
　　［D］. 沈阳：沈阳农业大学 .

李宝聚，王莹莹，孟祥龙．2015．注意防治黄瓜细菌性流胶病［J］．中国蔬菜（4）：74-76．

滕松山，刘艳萍，赵蕾蕾．2010．具 ACC 脱氨酶活性的碱蓬内生细菌的分离、鉴定及其生物学特性［J］．微生物学报，50（11）：1503-1509．

王爽．2011．三亚市设施瓜菜主要病害调查及两种重要病害控制基础研究［D］．海口：海南大学．

王莹莹，柴阿丽，孙阳，等．2016．天津河北 6 种黄瓜叶部病害的症状诊断及防治建议［J］．中国蔬菜（3）：78-80．

席先梅．2006．促进植物生长的根围细菌筛选及 ACC 脱氨基酶基因的克隆［D］．呼和浩特：内蒙古农业大学．

Chun Juan Wang, Wei Yang, Chao Wang, Chun Gu, Dong-Dong Niu, Hong-Xia Liu, YunPeng Wang, Jian-Hua Guo. 2012. Induction of Drought Tolerance in Cucumber Plants by a Consortium of Three Plant Growth-Promoting Rhizobacterium Strains［J］. PLOS ONE, 7（12）：1-10.

GB/T 17980．110-2004．农药田间药效试验准则（二）第 110 部分：杀菌剂防治黄瓜细菌性角斑病［S］．

Jong-Hui Lim, Sang-Dal Kim. 2013. Induction of Drought Stress Resistance by Multi-Functional PGPR Bacillus licheniformis K11 in Pepper［J］. Plant Pathol. J. , 29（2）：201-208.

Mayak, S. , Tirosh, T. , Glick, B. R. 2004. Plant growth-promoting bacteria confer resistance in tomato plants to salt stress［J］. Plant Physiology and Biochemistry（42）：565-572.

Muhammad Zafar-ul-Hye, Hafiz Muhammad Farooq, Mubshar Hussain. 2015. Bacteria in combination with fertilizers promote root and shoot growth of maize in saline-sodic soil［J］. Braz J Microbiol. , 46（1）：97-102.

Ritu Dixit, Lalit Agrawal, Swati Gupta, Manoj Kumar, Sumit Yadav, Puneet Singh Chauhan, Chandra Shekhar Nautiyal. 2016. Southern blight disease of tomato control by 1-aminocyclopropane-1-carboxylate（ACC）deaminase producingPaenibacillus lenti-morbus B-30488［J］. Plant Signaling & Behavior, 11（2）：1-11.

Saleh Saleema S. , Glick Bernard R. 2001. Involvement of gacS and rpoS in enhancement of the plant growth promoting capabilities of Enterobacter cloacae CAL2 and UW4［J］. Canadian Journal of Microbiology, 47（8）：698-705.

Xiang Long Meng, A Li Chai, YanXia Shi, XueWen Xie, ZhanHong Ma , BaoJu Li. 2017. Emergence of Bacterial soft rot in cucumber caused by Pectobacterium carotovorum subsp. brasilience in China［J］. Plant Disease（101）：279-287.

案例二 波尔多液对不同时期酒葡萄病害防治效果

一、案例材料

葡萄在世界水果生产中占有重要地位，在中国葡萄栽培总面积达到 $411.9 \times 10^3 hm^2$，葡萄产量596.4万吨。葡萄的病虫害如葡萄霜霉病、白腐病、褐斑病等，对葡萄植株的生长发育、产量品质影响很大。特别是在多雨地区和遭遇多雨的年份，常造成病害猖獗流行，给葡萄生产带来重大损失。酒葡萄及葡萄酒是昌黎的支柱产业之一，内吸性化学杀菌剂如防治霜霉病的氟硅唑、甲霜灵、烯酰吗啉等易诱导病菌产生抗药性。而波尔多液为保护性杀菌剂，通过释放可溶性铜离子而抑制病原菌孢子萌发或菌丝生长。在酸性条件下，铜离子大量释出时也能凝固病原菌的细胞原生质而起杀菌作用。在相对湿度较高、叶面有露水或水膜的情况下，药效较好，但对耐铜力差的植物易产生药害。持效期长，广泛用于防治蔬菜、果树、棉、麻等的多种病害，对霜霉病和炭疽病，马铃薯晚疫病等叶部病害效果尤佳。

秦皇岛市昌黎县华夏葡萄酒庄园一直使用波尔多液预防葡萄霜霉病和白腐病。但葡萄霜霉病和白腐病发生的轻重与气候条件和栽培管理措施关系非常密切，影响了波尔多液的防效。因此本实验在于调查在不同时期气候条件不同，管理方式不同背景下，波尔多液对酒葡萄病害的防治效果。

二、案例分析

（一）试验田基本情况

试验设于秦皇岛市昌黎县华夏有限公司酿酒葡萄基地。试验时为葡萄盛花期。选取树龄分别为22年和6年的赤霞珠和鲜食葡萄，赤霞珠栽培架势均为水平龙干势，鲜食葡萄栽培架势为棚架，株行距均为1.5m×2m。土质疏松肥沃，pH值7.8。所选试验地块能代表当地种植水平，常规水肥管理。

（二）波尔多液配制

按照硫酸铜：生石灰：水=1：0.5：200的比例配制半量式波尔多液。

（1）称取500g硫酸铜，放入桶中，先加少量水，待硫酸铜晶体完全溶解后，再稀释到 45kg，备用。

（2）称取 250g 生石灰，放入桶中，加入 1kg 水，静置 15min，不要搅拌，待水不沸腾后用纱布过滤，倒入 4kg 水中搅拌均匀，使其完全乳化成膏状，备用。

（3）将硫酸铜溶液缓慢倒入石灰乳中，边倒边搅拌即成波尔多液。

（三）试验设计

试验对象为葡萄霜霉病和白腐病，试验药剂为保护性杀菌剂波尔多液。对树龄分别为 22 年和 6 年的酒葡萄和鲜葡萄树各设 3 个试验区，每试验区设半量式波尔多液和清水空白对照共 2 个处理，每处理 3 次重复，共 6 个小区，采用随机区组排列，每小区 10 株。在 6 月 5 日开始喷波尔多液，以后每隔 10 天喷一次，直到 10 月 5 日，空白对照喷清水。采用工农-16 型背负式喷雾器均匀喷施叶片正反两面。

（四）调查方法

每次喷药前和喷药 5 天后对各试验小区葡萄树的叶、果分别进行霜霉病和白腐病的发病情况调查。在每小区调查 10 株，每株自上而下调查 10 个叶片和 10 个果穗。分别记载病情级数，计算病情指数及防治效果，并作图进行分析。

1. 葡萄霜霉病病情分级标准：

0 级叶片上无病斑；

1 级病斑面积占叶片总面积的 5% 以下；

2 级病斑面积占叶片总面积的 5%~25%；

3 级病斑面积占叶片总面积的 25%~50%；

4 级病斑面积占叶片总面积的 50%~75%；

5 级病斑面积占叶片面积的 75% 以上，病斑几乎布满叶片或叶片枯死。

2. 葡萄白腐病病情分级标准：

0 级，无病；

1 级，病粒数占整穗粒数的 5% 以下；

3 级，病粒数占整穗粒数的 5%~10%；

5 级，病粒数占整穗粒数的 11%~25%；

7 级，病粒数占整穗粒数的 26%~50%；

9 级，病粒数占整穗粒数的 50% 以上。

3. 计算方法

病情指数=Σ（各级病叶数×相对级数值）/（调查总叶数×最高级数值）×100

防病效果（%）=［1-（空白对照药前叶片病情指数×喷药处理药后叶片病情指数）/（空白对照药后叶片病情指数×喷药处理药前叶片病情指数）］×100。

（五）结果与分析

1. 波尔多液防治 22 年生酒葡萄霜霉病的药效动态分析

从图 1 可以看出，波尔多液在 6 月上旬到 6 月中旬的防效最高，达到 100%，从 6 月下旬到 7 月中旬较前有所降低但不太明显；在 7 月中旬后明显下降，在 7 月下旬防效为 86.74%；在 8 月上旬比 7 月下旬有所上升，防效为 70.14%，但仍比 7 月中旬防效低；此后防效继续下降；在 8 月中旬到 9 月下旬防效最低，最低为 29.87%，此后趋于上升趋势。

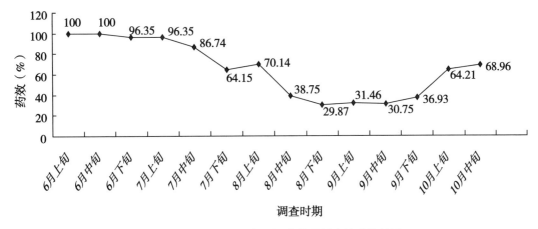

图 1　波尔多液对 22 年生酒葡萄霜霉病的防治效果

2. 波尔多液在不同时期防治 6 年生酒葡萄霜霉病的药效动态分析

从图 2 可以看出，波尔多液在不同时期对酒葡萄霜霉病的防效变化趋势同图 1，在 6 月上旬到 6 月中旬最高，达到 100%；在 6 月下旬开始下降，但在 7 月中旬后下降较明显，在 7 月下旬的防效为 51.58%；在 8 月上旬防效较 7 月下旬稍微上升，达到 57.49%，以后继续下降；在 8 月中旬到 9 月下旬的防效最低，最低为 16.86%；随后药效升高。

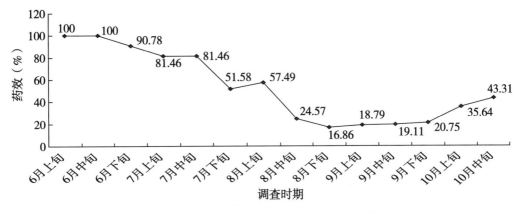

图 2　波尔多液对 6 年生酒葡萄霜霉病的防治效果

3. 波尔多液在不同时期防治 22 年生酒葡萄白腐病的药效动态分析

从图 3 可以看出，波尔多液在不同时期防治 22 年生酒葡萄白腐病的药效在 6 月上旬到 6 月中旬最高，达到 100%；以后稍微有所下降，到 7 月中旬下降到 80.68%；在 7 月中旬后下降明显，到 7 月下旬下降到 44.76%；但到 8 月上旬稍微上升，防效达到 50.51%；在 7 月下旬到 8 月下旬防效最低，最低为 28.95%；以后逐渐上升。

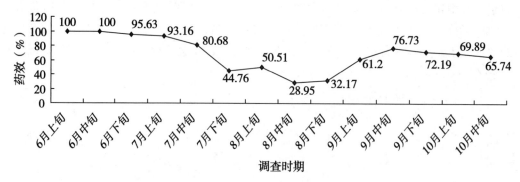

图3 波尔多液对22年生酒葡萄白腐病的防治效果

4. 波尔多液在不同时期防治6年生酒葡萄白腐病的药效动态分析

从图4可以看出，波尔多液在不同时期防治6年生酒葡萄白腐病的药效动态变化与图3相同，在6月上旬到6月中旬最高，达到100%；以后稍微有所下降，到7月中旬下降到91.05%；在7月中旬后下降明显，到7月下旬下降到67.13%；但到8月上旬稍微上升，防效达到70.36%；在7月下旬到8月下旬防效最低，最低为53.75%；以后逐渐上升。

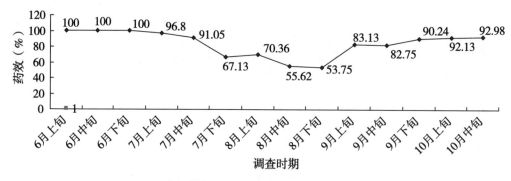

图4 波尔多液对6年生酒葡萄白腐病的防治效果

（六）结论

用波尔多液防治22年生酒葡萄和6年生酒葡萄霜霉病和白腐病的效果在不同时期（6月上旬到10月中旬）防效不同。但药效动态变化趋势是相同的。在6月上旬到6月中旬对霜霉病和白腐病防效都达到最高，达到100%，因为在5月到6月下旬几乎没有降雨，在6月13日对葡萄进行了除草和修剪措施，树体长势好，这些条件不利于霜霉病和白腐病的发生，所以此段时间没有病害的发生，但喷施波尔多液起到了预防病害发生的作用。在6月中旬后防效有所下降，但不太明显，此期病害刚刚发生。在7月下旬药效明显下降，在7月下旬对22年生酒葡萄霜霉病防效为64.15%，白腐病防效为44.76%；对6年生酒葡萄霜霉病防效为51.58%，白腐病防效为67.13%；因为在此期温湿度适合病菌的生长，而且雨量较大，所以发病逐渐加重。在8月上旬防效都有所上升，因为在8月3日对树体进行了施肥管理，增加了葡萄树的抗病性，此期也进行了修剪副梢、除草措施，增加了葡萄的通风透光性，不利病害的发生，所以防效较高。但在 8 月上旬后防效继续下降。波尔多液对霜霉病在 8 月中旬到 9 月下旬防效最低，因为此段时间降雨量大，温度适宜病菌的生长，风速小，再加上此期没有及时进行除草，影响葡萄吸收营养，也没有及时去除病叶和病烂果穗，枝叶茂密，影响葡萄的通风透光性。另外，有些树枝果面有机械损伤，增加了病菌的侵染，使葡萄病害加重，防治效果降低。对白腐病在 7 月下旬到 8 月下旬防效最低，因为在此段时间温度适合病原菌的生长，相对湿度大，无进行栽培管理措施，使病害加重，在 8 月下旬后随着温度的降低，病害减轻。对 22 年生酒葡萄霜霉病最低防效为 29.87%，白腐病最低防效为 28.95%；6 年生酒葡萄霜霉病最低防效为 16.86%，白腐病最低防效为 53.75%。在 9 月下旬后防效都为上升趋势。由上述可知，波尔多液在不同时期对葡萄病害药效动态的变化不仅与当时的气候因素有关，也与栽培管理有关。所以在防治葡萄病害时也要考虑到气候条件及管理措施。

【问题】

1. 波尔多液杀菌剂机理是什么？

2. 为什么波尔多液分成倍量式、等量式和半量式？

3. 为什么波尔多液对葡萄霜霉病和白腐病的防治效果在葡萄生长季不同时期会明显不同？

三、补充材料

（一）葡萄霜霉病发病规律

1. 症状

葡萄霜霉病主要为害叶片，也能侵染新梢幼果等幼嫩组织。叶片被害，初生淡黄色水渍状边缘不清晰的小斑点，以后逐渐扩大为褐色不规则形或多角形病斑，数斑相连变成不规则形大斑。天气潮湿时，于病斑背面产生白色霜霉状物，即病菌的孢囊梗和孢子囊。发病严重时病叶早枯早落（图 5、图 6）。

嫩梢受害，形成水渍状斑点，后变为褐色略凹陷的病斑，潮湿时病斑也产生白色霜霉。病重时新梢扭曲，生长停止，甚至枯死。卷须、穗轴、叶柄有时也能被害，其症状与嫩梢相似。

幼果被害，病部褪色，变硬下陷，上生白色霜霉，很易萎缩脱落。果粒半大时受害，病部褐色至暗色，软腐早落。果实着色后不再侵染。

2. 病原菌

葡萄霜霉菌，属鞭毛菌亚门，卵菌纲霜霉目，单轴霉属。葡萄霜霉病菌以卵孢子在病组织中越冬，或随病叶残留于土壤中越冬。次年在适宜条件下卵孢子萌发产生芽孢囊，再由芽孢囊产生游动孢子，借风雨传播，自叶背气孔侵入，进行初次侵染。经过 7~12 天的潜育期，在病部产生孢囊梗及孢子囊，孢子萌发产生游动孢子进行再次侵染。孢子囊萌发适宜温度为 10~15℃。游动孢子萌发的适宜温度为 18~24℃。秋季低温，多雨多露，易引

图 5　葡萄霜霉病症状（背面）

图 6　葡萄霜霉病症状（正面）

起病害流行。果园地势低洼、架面通风不良、树势衰弱，有利于病害发生。

3. 发病条件

病菌以卵孢子在病组织中或随病残体在土壤中越冬，可存活 1~2 年。翌年春季萌发产生芽孢囊，芽孢囊产生游动孢子，借风雨传播到寄主叶片上，通过气孔侵入，菌丝在细胞间隙蔓延，并长出圆锥形吸器伸入寄主细胞内吸取养料，然后从气孔伸出孢囊梗，产生孢子囊，借风雨进行再侵染。病害的潜育期在感病品种上只有 4~13 天，抗病品种则需 20 天。秋末病菌在病组织中经藏卵器和雄精器配合，形成卵孢子越冬。

气候条件对发病和流行影响很大。该病多在秋季发生，是葡萄生长后期病害，冷凉潮湿的气候有利发病。病菌卵孢子萌发温度范围 13~33℃，适宜温度 25℃，同时要有充足的水分或雨露。孢子囊萌发温度范围 5~27℃，适宜温度 10~15℃，并要有游离水存在。孢子囊形成温度 13~28℃，15℃ 左右形成孢子囊最多，要求相对湿度 95%~100%。游动孢子产出温度范围 12~30℃，适宜温度 18~24℃，须有水滴存在。试验表明：孢子囊有雨露存在时，21℃ 萌发 40%~50%，10℃ 时萌发 95%；孢子囊在高温干燥条件能存活 4~6 天，在低温下可存活 14~16 天；游动孢子在相对湿度 70%~80% 时能侵入幼叶，相对湿度在 80%~100% 时老叶才能受害。因此秋季低温、多雨易引致该病的流行。

4. 综合防治方法

（1）清除菌源，秋季彻底清扫果园，剪除病梢，收集病叶，集中深埋。

（2）加强果园管理，及时夏剪，引缚枝蔓，改善架面通风透光条件。注意除草、排水、降低地面湿度。适当增施磷钾肥，对酸性土壤施用石灰，提高植株抗病能力。

（3）避雨栽培。在葡萄园内搭建避雨设施，可防止雨水的飘溅，从而有效切断葡萄霜霉病原菌的传播，对该病具有明显防效。

（4）药剂防治。发病前用半量式波尔多液、百菌清 800 倍液或 12% 铜高尚悬浮剂 300~400 倍液、80% 代森锰锌喷匀；发病初期用 60% 吡醚·代森联水分散粒剂 5 000 倍液、56% 嘧菌酯、72.2% 克露 700 倍液、恶霜菌酯 800 倍液、38% 恶霜嘧铜菌酯 800 液、60% 霜脲·氰霜唑水分散粒剂 6 000~8 000 倍液，交替或轮换用药喷雾防治。

（二）葡萄白腐病发生规律

1. 症状

果梗和穗轴上发病处先产生淡褐色水浸状近圆形病斑，病部腐烂变褐色，很快蔓延至果粒，果粒变褐软烂，后期病粒及穗轴病部表面产生灰白色小颗粒状分生孢子器，湿度大时由分生孢子器内溢出灰白色分生孢子团，病果易脱落，病果干缩时呈褐色或灰白色僵果。枝蔓上发病，初期呈水浸状淡褐色病斑，形状不定，病斑多纵向扩展成褐色凹陷的大斑，表皮生灰白色分生孢子器，呈颗粒状，后期病部表皮纵裂与木质部分离，表皮脱落，维管束呈褐色乱麻状，当病斑扩及枝蔓表皮一圈时，其上部枝蔓枯死。叶片发病多发生在叶缘部，初呈褐色水浸状不规则病斑，逐渐扩大略成圆形，有褐色轮纹（图 7）。

图 7　葡萄白腐病症状

2. 病原菌

病菌的无性态为白腐垫壳孢（*Coniella diplodiella* Petrak et Sydow），半知菌亚门垫壳孢属。病部长出的灰白色小粒点，即病菌的分生孢子器。分生孢子器球形或扁球形，壁较厚，灰褐色至暗褐色，大小为（118~164）μm×（91~146）μm。分生孢子器底部壳壁凸起呈丘形，其上着生不分枝、无分隔的分生孢子梗，长 12~22μm。分生孢子梗顶端着生单胞、卵圆形至梨形一端稍尖的分生孢子，大小为（8.9~13.2）μm×（6.0~6.8）μm。

分生孢子初无色，随成熟度的增加而逐渐变为淡褐色，内含 1~2 个油球。有性阶段为白腐卡尼囊壳［*Charrinia kiplokiella*（Speq.）Vuaka et Ravaz］，属于子囊菌亚门卡尼囊壳，我国尚未发现。此外，病菌有的还能产生一种小型分生孢子器，有人称为"性孢子器"，其中产生小型分生孢子，大小为（4~6）μm×1.5μm，无色，短棒状，中部膨大。还有一种孢子类型，不生在孢子器中，直接产生在无色、分枝且很长的分生孢子梗上（长 180~200μm）。这种分生孢子［（6~8）μm×（3~4）μm］的形态和分生孢子器内的分生孢子相似。

3. 发病规律

病菌以分生孢子器及菌丝体在病组织中越冬。果园表土中和树上的果穗、叶片和枝蔓的病残体，都可成为病害的初次侵染源。在土壤中越冬的病菌，一般以在地表面和表土20cm 以内的土壤中为多。病果落地后一般不完全腐烂，其上病菌有些可以存活 4~5 年。干燥病果的基部有一个结构紧密的菌丝体，称为"壳座"，这种器官对不良环境有很强的抵抗力。"壳座"越冬后，能形成新的分生孢子器及分生孢子。分生孢子通过风雨传播，经伤口侵入引起初次发病。以后又于病斑上产生分生孢子器，散发分生孢子引起再次侵染。一般从 6 月上中旬开始，直至果实成熟期，在果园中病害会不断发生。秋末病菌又以分生孢子器或菌丝体在病组织中过冬。

以分生孢子附着在病组织上越冬并能以菌丝在病组织内越冬。散落在土壤表层的病组织及留在枝蔓上的病组织，在春季条件适宜时可产生大量分生孢子，分生孢子可借风雨传播，由伤口、蜜腺、气孔等部位侵入，经 3~5 天潜育期即可发病，并进行多次重复侵染。该病菌在 28~30℃，大气湿度在 95%以上时适宜发生。高温、高湿多雨的季节病情严重，雨后出现发病高峰。在北方，自 6 月至采收期都可发病，果实着色期发病增加，暴风雨后发病出现高峰。在南方，1991 年在苏州调查，谢花后 7 天（6 月 10 日前后）始见病穗，出现第一次高峰；成熟前 10 天（7 月 10—15 日）进入盛发期，为第二次高峰，以后随果实成熟度的增加，每次雨后便可出现一次高峰。近地面处以及在土壤黏重、地势低洼和排水不良条件下病情严重。杂草丛生、枝叶密闭或湿度大时易发病。偏旺和徒长植株易发病。

4. 综合防治

（1）选择抗病品种。在病害经常流行的田块，尽可能避免种植感病品种，选择抗性好、品质好、商品率高的高抗和中抗品种。

（2）增施有机肥。增施优质有机肥和生物有机肥，培养土壤肥力，改善土壤结构，促进植株根系发达，生长繁茂，增强抗病力。

（3）升高结果部位。因地制宜采用棚架式种植，结合绑蔓和疏花疏果，使结果部位尽量提高到 40cm 以上，可减少地面病原菌接触的机会，有效地避免病原菌的传染发生。

（4）疏花疏果，根据葡萄园的肥力水平和长势情况，结合修剪和疏花疏果，合理调节植株的挂果负荷量，避免只追求眼前取得高产的暂时利益，而削弱了葡萄果树生长优势，降低了葡萄的抗病性能。

（5）精细管理。加强肥水、摘心、绑蔓，摘副梢、中耕除草、雨季排水及其他病虫害防治等经常性的田间管理工作。

（6）搞好田间清洁卫生。生长季节搞好田间卫生，清除田间病残体和侵染物，结合管理勤加检查，及时剪除早期发现的病果穗、病枝体，收拾干净落地的病粒，并带出园外集中处理，可减少当年再侵染的菌源，减轻病情和减缓病害的发展速度。

（7）药剂防治。在白腐病发病初期，株施液量 1.2L 均匀喷施，以果实、叶片充分着药又不滴液为准。250g/L 的戊唑醇水乳剂 2 000～3 300 倍液、250g/L 嘧菌酯悬浮剂 833～1 250 倍液、60%唑醚·代森联水分散粒剂 1 000～2 000 倍液喷雾。连续施药 2～3 次，间隔期为 7～10 天。

四、参考文献

卜元卿，石利利，单正军 . 2013. 波尔多液在苹果和土壤中残留动态及环境风险评价 [J]. 农业环境科学学报（5）：972-978.

方桂清，汪永法，方康书 . 2017. 唑醚·啶酰菌防治葡萄白腐病的田间药效试验 [J]. 浙江农业科学（5）：797-798，904.

高秀萍 . 1993. 葡萄抗根癌病鉴定方法的研究 [J]. 园艺学报，20（4）：313-318.

贺普超 . 1998. 葡萄学 [M]. 北京：中国农业出版社.

姜好胜，冷德训，秦韶梅，等 . 2004. 10%世高 WG 防治葡萄白腐病试验 [J]. 山西果树（3）：11-12.

李美娜，吴玉星，仇贵生，等 . 2006. 25%阿米西达水悬浮剂防治葡萄霜霉病试验 [J]. 中国果树（3）：33-35.

刘延林 . 1994. 葡萄霜霉病的流行病生物学 [J]. 葡萄栽培与酿酒（3）：35-38.

刘延林 . 1996. 葡萄霜霉病的发育生物学 [J]. 葡萄栽培与酿酒（2）：23-25.

刘延琳，贺普超 . 1998. 霜霉病抗性鉴定标准的分析比较 [J]. 四川农业大学学报，16（2）：218-221.

邱强 . 1993. 原色葡萄病虫图谱 [M]. 北京：中国科学技术出版社.

王叶筠 . 1988. 葡萄霜霉病发生与防治 [J]. 新疆农业科学（3）：25-27.

徐秋桐，张莉，章明奎 . 2014. 长期喷施波尔多液对葡萄园土壤、树体和径流中铜积累的影响 [J]. 水土保持学报（2）：195-198.

于舒怡，刘长远，王辉，等 . 2016. 避雨栽培对葡萄霜霉病菌孢子囊飞散时空动态的影响 [J]. 中国农业科学（10）：1892-1902.

张志录，刘中华，郑芳 . 2001. 990A 植物抗病剂对提子葡萄真菌病害的防治试验 [J]. 北方园艺（5）：35-36.

案例三 9 种杀菌剂对柠檬疮痂病的药效试验

一、案例材料

柠檬疮痂病是由柑橘疮圆孢（*Sphaceloma fawcettii* Jenk）引起的一种真菌病害，是柠檬上的重要病害之一。柠檬疮痂病主要侵染叶、梢、果的幼嫩组织。在叶片上初期为油渍状的黄色小点，接着病斑逐渐增大，颜色变为蜡黄色。后期病斑木栓化，多数向叶背面突出，叶面则凹陷，形似漏斗。严重时叶片畸形或脱落。嫩枝被害后枝梢变短，严重时呈弯曲状，但病斑突起不明显。花器受害后，花瓣很快脱落。果实上发病症状在谢花后不久即可出现，开始为褐色小点，以后逐渐变为黄褐色木栓化突起。幼果严重时多脱落，不脱落的也果形小、皮厚、味酸甚至畸形。果实小畸形、易落，品质变劣，严重影响产量及其商品性，造成严重损失。

目前对柠檬疮痂病的防治尚未见到相关报道。参见柑橘疮痂病的防治方法，在生产上除了加强栽培管理和苗木消毒后，主要措施是药剂防治，生产中防治柑橘疮痂病的药剂主要有可杀得、大生、施保克、安泰生、绿菌铜、波尔多液、多菌灵、甲基托布津、代森锰锌等。因此，在目前缺乏抗病品种的情况下，对柠檬疮痂病最直接、有效的防治方法还是药剂防治，为筛选出对柠檬疮痂病具有较强抑菌作用的安全、经济、高效的杀菌剂，本试验在对昌黎碣石山花卉种植区调查柠檬病害的基础上，选用了 9 种杀菌剂进行室内药效试验，以期筛选出防治效果较好的药剂，为生产上有效地防治柠檬疮痂病提供理论依据。

二、案例分析

（一）柠檬发病情况调查

调查方法：随机选取 3 个花棚，采用五点取样法定点调查，其他花棚采用随机调查方法，根据棚内花的位置随机抽样调查。

调查内容：调查柠檬病害发生情况及其栽培管理方式，总结病害发生原因，根据其病因和栽培管理方式提出预防病害的措施。

（二）供试病株

从秦皇岛市昌黎县碣石山花棚随机选取 20 株柠檬疮痂病病株作为供试病株。

（三）供试药剂

0.5%半量式波尔多液（实验室自制）；72%农用链霉素可溶性粉剂（青岛信化工科技有限公司）100倍液；80%烯酰吗啉水分散粒剂（陕西蒲城县美邦农药有限责任公司）500倍液；35%克得灵可湿性粉剂［住友化学（上海）有限公司］100倍液；80%代森锌WP水分散粒剂（山东省植物保护总站服务部）100倍液；50%异菌脲水分散粒剂（山东省植物保护总站服务部）300倍液；50%乙霉威（西安美邦药业有限公司）300倍液；64%克露可湿性粉剂（美国杜邦公司）500倍液；10%多抗霉素（宝胜）粉剂［北京大北农集团绩溪农华生物科技有限公司］100倍液。

（四）试验设计

1. 处理

0.5%波尔多液半量式、72%农用链霉素100倍液、50%乙霉威500倍液、80%代森锌100倍液、50%异菌脲300倍液、80%烯酰吗啉500倍液、64%克露500倍液、10%多抗霉素100倍液、35%克得灵100倍液，每个处理3次重复。以喷清水作为对照（ck）。

2. 施药时间和次数

药剂防治试验从柠檬出现病斑时开始进行，喷药前调查病情指数，每隔7天施一次药共施3次，于2009年11月17日施第一次药、2009年11月24日施第二次药、2009年12月1日施第三次药。

3. 施药方法采用喷雾方法

将供试药剂按设计浓度进行稀释，配好后分别用喷壶喷雾，均匀喷洒在供试病株上，正反面均喷匀，以叶片不滴水为宜，每株柠檬病株喷一种药剂，每种药剂2次重复，即每种药剂喷两株病株，对照喷清水。

4. 调查方法和分级标准

（1）调查方法分别于施药前和施药后调查供试柠檬叶片发病情况，按照以下分级标准统计柠檬叶片的病级，计算病情指数和防治效果。

（2）病情指数分级标准。参照文献疮痂病分级标准，计算病情指数。

0级：无病斑；

1级：每个叶片有1~3个病斑；

3级：每个叶片有4~10个病斑；

5级：每个叶片有11~15个病斑；

7级：每个叶片有16~20个病斑；

9级：每叶有21个以上病斑。

（3）调查时间和次数分别于施药前柠檬疮痂病病情基数调查、第一次施药后7天、第二次施药后7天、第三次施药后7天再分次调查各处理的药效，试验共调查4次。

（4）药效计算方法

$$病情指数 = \frac{\sum（各级病叶数 \times 相应级数值）}{调查总叶数 \times 最高病级数} \times 100$$

$$相对防效（\%）= \frac{对照区病情指数 - 处理区病情指数}{对照区病情指数} \times 100$$

（五）结果与分析

1. 柠檬病害情况调查

表 1 柠檬病害调查

地点	调查内容
1	1. 柠檬病害发生情况：疮痂病发病 2. 花棚栽培管理情况：（1）繁殖方式：扦插；（2）用土：含基肥的沙土；（3）施肥：基肥；（4）浇水：一天一次，浇水量多，从花上部喷浇；（5）光照：根据季节适当调节光照；（6）温度：控制在25℃左右；（7）管理：通风口少，通风不顺畅；（8）病虫防治：两天清园一次，清理病叶并剪去花梢病叶，并全部烧毁，每周喷一次药剂防治病虫害 3. 发病原因：（1）疮痂病发病的温度范围为15～30℃，最适为20～28℃。温度和湿度决定发病，通风不畅湿度大，高湿易感病；（2）病菌可以借风、雨和昆虫传播，叶片有病斑，浇水方式使病菌随水流飞溅传播引起流行 4. 预防措施：采用以化学防治为重点的综合防治：（1）药剂防治喷药保护的重点是嫩叶和幼果，在春梢新芽萌动至芽长2mm前喷药保护春梢，在谢花2/3时喷药保护幼果。药剂可选用：0.5%～0.8%半量式波尔多液，50%多菌灵可湿性粉剂1 000倍液，70%甲基托布津可湿性粉剂800倍液；（2）适宜的环境条件，加强肥水管理，及早预防其他病虫，促树势健壮，新梢抽发整齐，可增强抗病力；（3）扦插繁殖时，选用无病苗木，减少菌源，结合修剪，剪除枯病枝叶和过密郁闭枝条，并清除地面枯枝落叶，减少初侵染来源
2	1. 柠檬病害发生情况：没感病 2. 花棚栽培管理情况：（1）温度：控制在28℃左右，通风好；（2）施肥：两周施一次复合肥；（3）浇水：一天一次直接浇土上，浇水量根据缺水情况加减；（4）病虫防治：一天清理一次棚内落叶，及时修剪病叶并销毁，花按种类和大小分类管理两周喷一次杀虫和杀菌剂；（5）繁殖方式：扦插；（6）用土：含基肥的沙土 3. 无病原因：合理的管理方式减少了发病 4. 预防措施：在原有基础上结合化学防治加强管理
3	1. 柠檬病害发生情况：无 2. 花棚栽培管理情况：（1）温度：控制在30℃，常通风；（2）浇水：用水管喷浇每天上午浇一次，从花上部浇；（3）用土：用含有基肥的沙皮土种花；（4）施肥：一月施一次复合肥或上麻酱渣；（5）病虫防治：综合管理，一天清理一次棚内落叶并销毁保持棚内清洁，两周喷一次多菌灵杀菌剂防治病害；（6）繁殖方式：扦插；（7）光照：根据花的喜光程度调整 3. 无病原因：合理的管理方式减少了发病 4. 预防措施：加强栽培管理，适宜的环境条件，适时喷药

调查结果（表1）表明：柠檬对疮痂病的抵抗力很弱，温度和湿度影响本病的发生流行，此病在低温多湿时易发生。要根据"预防为主，防治结合"的植保方针进行管理。根据柠檬适宜的环境条件进行栽培管理，具体的栽培措施如下。

（1）繁殖。家庭盆栽柠檬的繁殖，一般采用扦插法。

（2）用土。盆栽用土应配制成透水透气、保水保肥、微酸性培养土。

（3）施肥。上盆应施足基肥，生长期应薄肥勤施。如施液肥以充分发酵的饼肥水为好，饼水比为1∶200。北方水土偏碱，可在肥液中加入硫酸亚铁。柠檬开花前和挂果后，要每月施多元素花肥一次。

（4）浇水。柠檬在生长期需要较多的水分，但不能积水否则会造成烂根。浇水忌忽多忽少。一般春季是抽梢展叶、孕蕾开花的时期，要适量浇水。晚秋与冬季是花芽分化期，盆土则要偏干。

（5）光照。柠檬为喜光植物，夏季要适当遮阴，阳光过分强烈，会造成生长发育不良。

（6）温度。柠檬适宜生长的年平均气温在15℃以上，最佳生长温度为23~29℃，超过35℃停止生长，–2℃会造成冻害。柠檬夏季一般不需降温。在霜降前入室，清明后出室，可安全越冬。

（7）修剪。在春季结合换盆进行修剪，剪去内向枝、病弱枝和徒长枝。夏季应对不结果的过长枝进行短截，抹去结果枝上的夏梢，以利植株挂果。

（8）病虫防治。对该病的防治主要采取在搞好清园及加强管理的基础上，重点做好药剂防治工作。①喷药保护：由于病菌只侵染幼嫩组织，喷药目的是保护新梢及幼果不受为害，因此喷药保护要抓早、抓好。一般要喷2次药，第一次在春芽萌动至长1~2mm时，第二次是在落花2/3时，以保护幼果。防治效果较好的药剂有75%百菌清可湿性粉剂500~800倍液、50%托布津可湿性粉剂500~600倍液、70%甲基托布津可湿性粉剂1 000~1 200倍液、50%多菌灵可湿性粉剂600~800倍液、0.5%波尔多液。②加强栽培管理，减少菌原：结合修剪，剪去病梢病叶，并加以烧毁，以消灭病菌，同时应剪去虫枝、弱枝、阴枝，使植株通风透光良好，降低湿度，喷洒一次0.5度波美石硫合剂。

2. 杀菌剂筛选

试验结果（表2、表3、表4）表明，施药前（2009年11月16日）9个处理的柠檬疮痂病发病情况基本一致，病情指数均在0.17%~0.20%。但施用药剂后，施药与否的柠檬病株发病情况差别较大。第1次用药后7天（2009年11月24日）、第2次用药后7天（2009年12月1日）和第3次用药后7天（2009年12月8日）的调查结果显示：均以清水对照发病最重，9个用药处理中防治效果从高到低依次为80%代森锌100倍液、50%乙霉威500倍液、10%多抗霉素100倍液、50%异菌脲300倍液、72%农用链霉素100倍液、0.5%波尔多液半量式、35%克得灵100倍液、80%烯酰吗啉500倍液和64%克露500倍液。

表2　第一次施药后7天9种杀菌剂对柠檬疮痂病的防治效果

药剂	药前病情指数	药后7天病情指数（%）		平均病情指数	相对防效（%）		平均防效（%）
		1	2		1	2	
波尔多液	17.32	18.14	19.72	18.93	21.47	29.06	25.27c C
农用链霉素	18.87	16.19	17.62	16.91	29.91	36.62	33.27bc ABC
乙霉威	17.59	12.46	13.19	12.46	46.06	52.55	49.31ab AB
代森锌	17.48	10.00	12.47	11.24	56.71	55.14	55.93aA
异菌脲	18.08	17.50	15.71	16.61	24.24	43.49	33.87bc ABC
烯酰吗啉	18.49	15.07	22.97	19.02	34.76	17.37	26.07c BC

（续表）

药剂	药前病情指数	药后7天病情指数（%）		平均病情指数	相对防效（%）		平均防效（%）
		1	2		1	2	
克露	18.84	16.21	21.34	18.78	29.82	23.24	26.53c BC
多抗霉素	16.43	12.28	13.73	13.01	46.84	50.61	48.73ab ABC
克得灵	18.57	15.91	16.75	16.33	31.13	39.74	35.44bc ABC
CK	19.7	23.1	27.8	25.45			

注：小写字母表示5%显著水平，大写字母表示1%极显著水平

第一次施药后7天调查结果表明，9种药剂防效极显著高于对照，其中防效最高的是80%代森锌100倍液，其次是乙霉威500倍液和10%多抗霉素100倍液，防治效果依次为55.93%、49.31%和48.73%，它们之间没有显著差异，但80%代森锌100倍液的防效显著高于其他6个药剂处理的防效，而乙霉威500倍液和10%多抗霉素100倍液的防效只与80%烯酰吗啉500倍液、64%克露500倍液和0.5%半量式波尔多液的防效差异显著（表2）。

表3　第二次施药后7天9种杀菌剂对柠檬疮痂病的防治效果

药剂	病情指数		平均病情指数	相对防效（%）		平均防效（%）
	1	2		1	2	
波尔多液	20.31	21.90	21.11	31.15	37.25	34.20bc BC
农用链霉素	20.88	20.95	20.92	29.22	39.97	34.6bc BC
乙霉威	14.89	15.72	15.31	55.29	55.10	55.20a AB
代森锌	12.65	13.77	13.21	57.12	60.54	58.83a A
异菌脲	18.21	28.57	23.39	38.27	18.14	28.21c C
烯酰吗啉	16.79	25.16	20.98	43.08	27.91	35.50bc BC
克露	17.49	23.34	20.42	40.71	33.12	36.92bc ABC
多抗霉素	15.36	19.41	17.39	47.93	44.38	46.16ab ABC
克得灵	20.06	24.97	22.52	32.00	28.45	30.23c C
CK	29.50	34.90	32.20			

注：小写字母表示5%显著水平，大写字母表示1%极显著水平

第二次施药后7天调查结果（表3）表明，每个药剂的防效均有不同程度的提高，防效极显著高于对照，防效排在前3位的依次是80%代森锌100倍液、50%乙霉威500倍液和10%多抗霉素100倍液，防治效果分别为58.83%、55.20%、46.16%。这三者间防效差异不显著，但80%代森锌100倍液防效和50%乙霉威500倍液防效显著高于其他6个药剂处理的防效，而10%多抗霉素100倍液显著高于异菌脲和克得灵。

表4　第三次施药后7天9种杀菌剂对柠檬疮痂病的防治效果

药剂	病情指数		平均病情指数	相对防效（%）		平均防效（%）
	1	2		1	2	
波尔多液	21.55	22.14	21.85	37.9	43.09	48.52bcd ABC
农用链霉素	23.90	24.18	24.04	31.12	37.86	34.4cdABC
乙霉威	15.67	17.14	16.41	61.72	55.95	55.4abAB
代森锌	15.56	16.88	16.22	55.16	56.62	55.89a A
异菌脲	18.79	25.71	22.25	45.85	33.92	39.89cdABC
烯酰吗啉	18.96	29.56	24.26	45.36	24.02	34.69cdABC
克露	24.07	27.35	25.71	30.63	29.71	30.17dC
多抗霉素	16.74	20.59	18.67	51.76	47.08	49.42abcABC
克得灵	21.09	27.57	24.33	39.22	29.14	34.18dC
CK	34.7	38.91	36.81			

注：小写字母表示5%显著水平，大写字母表示1%极显著水平

第三次施药后7天调查结果（表4）表明，各药剂防效均与对照达极显著差异，防效最好的仍是80%代森锌100倍液，防效为55.89%，与50%乙霉威500倍液和10%多抗霉素100倍液间防效差异不显著，其防效显著高于其他6种药剂的防效，50%乙霉威500倍液和10%多抗霉素100倍液与0.5%半量式波尔多液间防效差异不显著，但与其他5种药剂差异显著。

（六）结论

9种药剂对柠檬疮痂病防效从高到低依次是80%代森锌100倍液、50%乙霉威500倍液、10%多抗霉素100倍液、50%异菌脲300倍液、72%农用链霉素100倍液、0.5%波尔多液半量式、35%克得灵100倍液、80%烯酰吗啉500倍液和64%克露500倍液，防效分别为56.88%、53.30%、48.10%、34.95%、34.12%、33.32%、33.28%、32.08%、31.21%。3次试验结果中80%代森锌100倍液、50%乙霉威500倍液和10%多抗霉素100倍的药剂防效差异均不显著，80%代森锌100倍液的药剂防效显著高于50%异菌脲300倍液、72%农用链霉素100倍液、35%克得灵100倍液、80%烯酰吗啉500倍液和64%克露500倍的药剂防效。

疮痂病是柠檬病害中的一种重要病害，施用农药防病与否，差异比较明显。3次调查结果中，9个用药处理防效均显著优于对照，说明9个药剂对柠檬疮痂病均有一定的防效，其中80%代森锌100倍液的防效最好，其次是50%乙霉威500倍液、10%多抗霉素100倍液，建议在生产中防治柠檬疮痂病时，选择防效较好的药剂交替使用，避免疮痂病病菌产生抗药性。建议在种植柠檬时最好选用防效好、安全性高的药剂处理进行防治。

柠檬疮痂病的发生与天气有很大的关系，施药期间的阴雨天气和温湿度会影响药效，施药后低温多湿，这可能是降低药效的一个原因，柠檬对疮痂病的抵抗力很弱，温度和湿度对疮痂病的发生流行都有决定性的影响，因此应根据天气情况和温湿度增加施药的次

数。不同药剂防效差异也可能跟施药时期有关，不同时期防效不同，不同药液浓度也可能对防效有影响，这些都有待以后进一步试验。

本实验结果表明，80%代森锌100倍液对柠檬疮痂病的防效最高，防效为56.88%，有报道表明，绿菌铜600倍液和800倍液对柑橘叶片疮痂病的防治效果均在72%以上，据杨秀娟报道，在柑橘疮痂病发病前喷施一种新型杀菌剂80%大生可湿性粉剂，防治效果达87.5%以上，明显高于发病后喷施绿菌铜的防治效果，两种药剂的防效明显高于试验中9种药剂的防效，几种药剂的防效差异大，可能与施药时间不一致有关，9种药剂的防治是在发病后进行的。

此试验中，波尔多液是一种保护性药剂，根据此类药剂的特点，应该在发病之前或发病最初使用，在发病前或发病初期施药效果更理想；如果发病较普遍时使用，就会严重影响防治效果。发病后建议使用内吸性杀菌剂（如甲基托布津）。

药剂防治效果不好的原因还可能跟选择的药剂种类有关，不同的药剂防治的病原菌不同。很多植物都有疮痂病，引起疮痂病的病原菌不同，由真菌引起的柠檬、柑橘、桃树等的疮痂病，也由细菌引起的番茄疮痂病、辣椒疮痂病、冬枣疮痂病等，建议选择药剂时根据病原确定用药。

代森锌是一种保护治疗性广谱杀菌剂。可广泛用于果树、蔬菜、烟草、花卉、大田作物等经济作物病害防治，在发病初期或发病前开始用药，效果会更理想；烯酰吗啉集保护、内吸、治疗于一体，对霜霉科和疫霉科的真菌具有很高的活性，广泛用于霜霉病、疫病、苗期猝倒病、烟草黑胫病等由鞭毛菌亚门卵菌纲真菌引起的病害防治，具内吸活性；克得灵具有内吸、预防和治疗作用，适用于防治葡萄、黄瓜、番茄、甜菜等多种作物上的灰霉病、菌核病、茎腐病等病害。异菌脲具有保护作用，也有一定的治疗作用，杀菌谱广，可以防治对苯并咪唑类内吸杀菌剂有抗性的真菌，主要防治对象为葡萄孢属、丛梗孢属、青霉属、核盘菌属、链格孢属、长蠕孢属、丝核菌属、茎点霉属、球腔菌属、尾孢属等引起的多种作物、果树和果实贮藏期病害；克露有治疗兼保护作用，主要防治鞭毛菌亚门真菌引起的霜霉病、疫病，茄果类、马铃薯的晚疫病等；多抗霉素是一种广谱性农用抗菌素类杀菌剂，具有很强的内吸渗透性，具有预防和治疗双重作用，对多种真菌有较好的防治效果，特别对小麦白粉病、烟草赤星病、黄瓜霜霉病、人参黑斑病、甜菜褐斑病、水稻纹枯病、苹果早期斑点落叶病、林木枯梢病、梨黑斑病、花卉黑斑病等多种真菌性病害具有良好的防治效果；农用链霉素有内吸作用，可防治多种植物细菌和真菌性病害，防治大白菜软腐病，大白菜、甘蓝黑腐病，黄瓜细菌性角斑病，甜椒疮痂病、软腐病，枣细菌性疮痂病等；乙霉威是一种非常独特的内吸性杀菌剂，具保护和治疗作用，药效高，持效期长，用于防治由葡萄孢属病菌引起的葡萄及蔬菜病害等，其中65%硫菌·霉威可湿性粉剂可防治柑橘灰霉病、疮痂病。

因此，根据病原类型和发病时期合理选择药剂很重要，建议以"预防为主，防治结合"的方针进行防治。

【问题】

1. 调查中发现的柠檬管理措施哪些可以有效预防柠檬疮痂病的发生？

2. 9种杀菌剂哪些是保护性杀菌剂？哪些具有内吸性？

3.9 种杀菌剂的防治对象有何区别?

三、补充材料

1. 柠檬疮痂病

(1) 症状。柠檬原产喜马拉雅山东部地区,世界主产地为意大利、墨西哥、阿根廷、西班牙、美国和印度。在世界柑橘类果树中柠檬产量位居第三,年产量占柑橘总产的 10% 左右,其中中国柠檬产量占 0.19%。柠檬作为重要的天然香料和食品、工业原料,在食品、医药、化妆品、日用化工等行业均有应用,发展柠檬生产其经济价值和市场潜力巨大。

疮痂病是目前柠檬生产中发生最普遍、为害严重的病害,根据调查结果,其年平均果发病率高达 38.18%,病情指数达 13.26,而在危害严重的果园,疮痂病果发病率高达 90.00%,病情指数达 42.50。该病主要危害嫩果及嫩梢,严重影响了柠檬果的品质,造成了较大的经济损失。柠檬谢花后幼果出现就开始受疮痂病为害,在果实上出现散生褐色突起病斑,使果皮组织坏死,呈现癣皮状剥落,引起幼果脱落或幼果畸形,降低坐果率 (图 1)。

图 1　柠檬疮痂病症状

(2) 防治方法。在柠檬刚刚谢花出现幼果时、幼果横径 2~3cm 大小时、幼果开始迅速膨大时,必须各叶面喷洒一次 800 倍液 80% 代森锌可湿性粉剂水溶液或 600 倍液 50% 多菌灵可湿性粉剂水溶液、800 倍液 70% 甲基硫菌灵可湿性粉剂水溶液、1 500 倍液 50% 苯菌灵可湿性粉剂水溶液、800 倍液 70% 丙森锌可湿性粉剂水溶液、800 倍液 70% 百菌清可湿性粉剂水溶液等进行防治,均匀喷洒树冠内外所有的枝叶和幼果,以开始有水珠往下滴为宜。在柠檬幼果膨大期间，注意检查柠檬树上的幼果，发现幼果的果面上出现凸起的疮痂状病斑时，就要每7~10天叶面喷洒一次上述杀菌剂进行防治，连续喷洒2~3次，并加入0.2%~0.3%磷酸二氢钾水溶液喷洒，以提高防治效果，并增强抗病能力，使患病果实加快恢复正常生长。

2. 波尔多液

（1）杀菌原理。波尔多液是一种保护性的杀菌剂，当喷洒在植物表面时，由于其黏着性而被吸附在作物表面。而植物在新陈代谢过程中会分泌出酸性液体，加上细菌在入侵植物细胞时分泌的酸性物质，使波尔多液中少量的碱式硫酸铜转化为可溶的硫酸铜，从而产生少量铜离子（Cu^{2+}），Cu^{2+}进入病菌细胞后，使细胞中的蛋白质凝固。同时Cu^{2+}还能破坏其细胞中某种酶，因而使菌体中代谢作用不能正常进行。在这两种作用的影响下，即能使细菌中毒死亡。

$$4CuSO_4 \cdot 5H_2O + Ca(OH)_2 \rightarrow [Ca(OH_2] \cdot 3CuSO_4 + CuSO_4 + 5H_2O$$

（2）生产上波尔多液的配制方法。

硫酸铜和石灰乳母液的配制

母液Ⅰ：2%硫酸铜200mL。称取4.0g硫酸铜，放入250mL烧杯中，先加少量水，待硫酸铜晶体完全溶解后，再稀释到200mL，备用。

母液Ⅱ：2%石灰乳200mL。称取4.0g生石灰，放人200mL烧杯中，加少量水，静置15min，不要搅拌，使其完全乳化成膏状，然后加水稀释，用纱布过滤，转移至250mL烧杯中，制成2%石灰乳，备用。

按用水量一半溶化硫酸铜，另一半溶化生石灰，待完全溶化后，再将两者同时缓慢倒入备用的容器中，不断搅拌。也可用10%~20%的水溶化生石灰，80%~90%的水溶化硫酸铜，待其充分溶化后，将硫酸铜溶液缓慢倒入石灰乳中，边倒边搅拌即成波尔多液。切记不可将石灰乳倒入硫酸铜溶液中，否则质量不好，效果较差。

具体步骤：

（1）先把配药的总用水量平均分为2份，1份用于溶解硫酸铜，制成硫酸铜水溶液。1份用于溶解生石灰，可先用少量热水浸泡生石灰让其吸水、充分反应，生成氢氧化钙（成泥状），然后再把配制好的石灰泥，过细箩加入到剩余的水中，配制成石灰乳（氢氧化钙水溶液）。

两种药液配制完成后不必立即兑制，可在容器内暂时封存，待喷药时现兑现用。配药时把两种等量药液同时徐徐倒入喷雾器内或另一容器内，边倒药液边搅拌，搅匀后随即使用。

如果用机械喷药，须一次性配制大量药液，可利用虹吸原理，把2条同等粗度、同等长度（长度必须超过容器高度的2倍以上）的细塑料胶管底部各系上小石块，分别沉入2种溶液的底部，后各自灌满溶液，用拇指封闭上端管口，同时拉出固定于位置较低的另1容器中，溶液会自行流出，调整管口溶液的流向，让其自行旋转，后插入喷雾器吸水龙头即可。

（2）用10%的水配制石灰乳，制成氢氧化钙水溶液，用90%的水溶解硫酸铜，制成硫酸铜水溶液，2种药液暂时存放备用。喷药时须现配现用，按比例先把1份（10%）石灰水溶液倒入喷雾器内或另一容器内，再把9份（90%）硫酸铜水溶液徐徐倒入喷雾器中的石灰水溶液中，边倒药液边搅拌，搅拌均匀后随即使用。

石灰半量式：硫酸铜∶生石灰∶水 = 1∶0.5∶100，可用于葡萄、茄科和葫芦科等植物。

石灰等量式或多量式：硫酸铜∶生石灰∶水 = 1∶1∶100，可用于桃、苹果、柿、杏、李、梨等果树。

四、参考文献

陈道茂，黄振东，林荷芳 . 2001. 大生M-45防治柑橘疮痂病药效和适宜喷施次数试验 [J]. 浙江柑橘，18（1）：22-24.

董连发 . 1997. 可杀得防治柑橘疮痂病 [J]. 中国南方果树，26（2）：23.

施洪 . 2009. 柠檬主要病害的发生与防治 [J]. 绿色植保（1）.

孙华阳 . 1990. 柑橘生产技术大全 [M]. 北京：农业出版社 .

王传祥，英昌芹 . 2008. 番茄疮痂病的发生规律及防治方法 [J]. 吉林蔬菜（4）.

王自然，王绍华，杨建东，等 . 2016. 滇西湿热区柠檬疮痂病发生动态及周年防治效果初探 [J]. 中国南方果树（5）：40-41.

肖爱萍，游春平，刘康成 . 2004. 绿菌铜防治柑橘疮痂病田间药效试验 [J]. 江西植保，27（3）.

杨秀娟，何玉仙，陈福如 . 2000. 80%WP大生M-45防治柑橘疮痂病药效试验 [J]. 福建果树（1）：12-12.

叶琪明，李振，包环玉 . 1997. 施保克和NMF-9防治柑橘疮痂病试验 [J]. 江西果树，18（4）：23-24.

张利平，林荷芳，王海琴，等 . 2007. 安泰生防治柑橘疮痂病田间药效试验 [J]. 植保园地，18（02）.

中华人民共和国国家标准 . 2000. 农药田间药效试验准则 [S]. 北京：中国标准出版社 .

案例四　防治瓜类蔓枯病的化学药剂室内毒力测定

一、案例材料

瓜类蔓枯病自1891年在法国发现以来，现几乎遍布世界各地，如荷兰、瑞典、美国、加拿大、印度等。瓜类蔓枯病在美国北卡罗来纳州是仅次于根结线虫的第二大病害，是欧洲温室黄瓜最严重的病害之一。在国内，蔓枯病的发生越来越严重，特别是西甜瓜和哈密瓜产区。新疆维吾尔自治区、甘肃、上海、浙江、江苏等地均有蔓枯病的报道。

瓜类蔓枯病（又称黑腐病）是由真菌（*Didynnella bryoniae*）引起的一种病害，为害多种葫芦科作物，如黄瓜、西瓜、甜瓜等。病原菌可以通过气孔、伤口等侵染植株，引起叶斑、茎癌、果腐等，严重影响瓜类作物中后期的产量，轻者减产 20%~30%，严重时导致绝产。由于单剂农药对蔓枯病的防治效果不显著，农药复配则是防治蔓枯病最经济有效的方法，可大幅度降低化学杀菌剂用量和残留量。在杀菌剂的复配过程中，有时某种杀菌剂的杀菌活性可能会受到其他成分的影响，因此，混用时要事先测定杀菌剂与其他农药（包括杀虫剂、杀菌剂和除草剂之间的复合作用。因此，本实验主要研究福·福锌与噁酮·锰锌按不同比例复配后对瓜类蔓枯病的防治效果。

二、案例分析

（一）蔓枯病菌株

HGC 黄瓜蔓枯菌瓜类球腔菌（*Mycosphaerella melonis*）、XGWH 西瓜蔓枯病菌瓜类球腔菌（*Mycosphaerllla melonis*）、HGH 甜瓜蔓枯病菌瓜类球腔菌（*Mycosphaerella melonis*），由本科研组提供。

（二）杀菌剂

68.75%噁酮锰锌水分散粒剂（美国杜邦公司）。
80%福·福锌可湿性粉剂（河北冠龙农化有限公司）。

（三）含药培养基的制备

先将马铃薯洗净去皮，再称取200g马铃薯切成小块，加水煮烂（煮沸 20~30min，能被玻璃棒戳破即可），用 8 层纱布过滤，加热，再加入 17g 琼脂，继续加热搅拌混匀，待琼脂溶解完后，加入葡萄糖，搅拌均匀，稍冷却后再补足水分至 1 000mL，分装试管或者锥形瓶，加塞、包扎，121℃灭菌 30min 左右后取出试管摆斜面或者摇匀，冷却后贮存备用。待 PDA 培养基冷却到 45~55℃时，将 2 种杀菌剂的母液按设计的不同比例分别加入到培养基中，将灭菌好的培养基加入 1ml 药液，摇晃均匀，冷却至 45~55℃后，倒入培养皿中平放冷却凝固后备用。接菌：取打孔器（1cm）进行充分灭菌，从原始菌种中取直径为 1cm 的菌饼，倒置在培养皿中，使菌丝与培养基充分接触。用封口膜将培养皿进行密封。放在 25℃的培养箱中进行培养并观察。48h 后测量菌落直径。

（四）杀菌剂单剂对蔓枯菌的毒力测定

采用生长速率法测定杀菌剂对蔓枯病菌的毒力。用直径 1cm 的打孔器从培养 3 天的新鲜蔓枯病菌的菌落边缘打取菌丝块，菌丝面向下接种于含不同浓度农药的平板上，25℃恒温箱内培养 2 天后，量取菌落直径，计算抑菌率。以不含药剂的纯培养为对照，4 次重复。

（五）药剂复配后对蔓枯菌的毒力测定

80%福·福锌可湿性粉剂与 68.75%噁酮锰锌水分散粒剂的配制比例分别为 1∶0（单剂对照），3∶1，3∶2，1∶1，2∶3，1∶3，0∶1（单剂对照）。

（六）数据统计

$$抑菌率（\%）= \frac{对照菌落直径 - 处理菌落直径}{对照菌落直径 - 菌饼直径} \times 100$$

（七）结果与分析

1. 杀菌剂复配后对西瓜蔓枯菌的抑菌作用

从表 1 中可以看出，杀菌剂不同比例的配比对西瓜蔓枯菌的增效作用是不同的。可以看出单独的福·福锌和噁酮·锰锌对西瓜蔓枯菌的抑菌作用特别低甚至具有拮抗作用，抑菌率分别为 46.5%和 43.83%。而复配后有明显的增效作用，其中作用最显著的是福·福锌和噁酮·锰锌的比例为 2∶3，其抑菌率为 89.55%、EC_{50} 为 1.811μg/mL。同种药剂不同比例的复配后可以达到防治多种病害的目的，既经济又有效。

表 1　杀菌剂复配后对西瓜蔓枯病菌的毒力回归方程

杀菌剂	回归方程	相关系数 R^2	EC_{50}（μg/mL）
福∶噁=1∶0	y=1.0868x+3.6865	0.9859	1.028
福∶噁=3∶1	y=0.2701x+3.7382	0.9921	1.114
福∶噁=3∶2	y=1.4824x+2.3509	0.9504	1.042
福∶噁=1∶1	y=-1.3721x+10.003	0.9995	1.088

（续表）

杀菌剂	回归方程	相关系数 R^2	EC_{50}（$\mu g/mL$）
福：噁=2：3	y=0.1529x+1.0582	0.9853	1.811
福：噁=1：3	y=0.8474x+3.4224	0.9892	1.257
福：噁=0：1	y=3.3631x-0.9491	0.9746	1.042

2. 两种药剂不同比例对黄瓜蔓枯菌的增效作用

从图1和表2中可以看出，杀菌剂不同比例的配比对黄瓜蔓枯菌的增效作用是不同的。可以看出单独的福·福锌和噁酮·锰锌对黄瓜蔓枯菌的抑菌作用特别低甚至具有拮抗作用，抑菌率分别为37.04%和40.83%。而复配后有明显的增效作用，其中作用最显著的是福·福锌和噁酮·锰锌的比例为2：3，其抑菌率为82.22%、EC_{50}为1.652$\mu g/mL$。同种药剂不同比例的复配后可以达到防治多种病害的目的，既经济又有效。

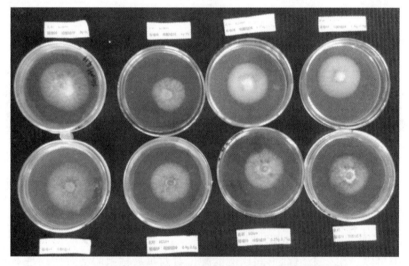

图1　福·福锌和噁酮·锰锌不同比例对西瓜蔓枯菌的抑菌作用

表2　杀菌剂复配后对黄瓜蔓枯菌的毒力回归方程

杀菌剂	回归方程	相关系数 R^2	EC_{50}（$\mu g/mL$）
福：噁=1：0	Y=2.3077x+1.2297	0.9962	1.041
福：噁=3：1	Y=3.2282x-1.5765	0.8818	1.048
福：噁=3：2	Y=1.5801x+1.624	0.9289	1.051
福：噁=1：1	Y=0.5484x+2.9531	0.9679	1.089
福：噁=2：3	Y=0.0736x+3.3954	0.9913	1.652
福：噁=1：3	Y=0.9645x+3.8665	0.9922	1.027
福：噁=0：1	y=2.1306x+0.7393	0.9551	1.047

3. 两种药剂不同比例对甜瓜蔓枯菌的抑菌作用

从图2和表3中可以看出，杀菌剂不同比例的配比对甜瓜蔓枯菌的增效作用是不同的。可以看出单剂的福·福锌和噁酮·锰锌对甜瓜蔓枯菌的抑菌作用特别低甚至具有拮抗作用，抑菌率分别为33.33%和42.24%。而复配后有明显的增效作用，其中作用最显著的是福·福锌和噁酮·锰锌的比例为2∶3，其抑菌率为81.18%、EC_{50}为1.244μg/mL，EC_{90}为2.141μg/mL。同种药剂不同比例的复配后可以达到防治多种病害的目的，既经济又有效。

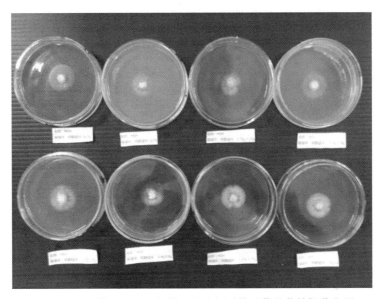

图2　福·福锌和噁酮·锰锌不同比例对黄瓜蔓枯菌的抑菌作用

表3　杀菌剂复配后对甜瓜蔓枯菌的毒力回归方程

杀菌剂	回归方程	相关系数 R^2	EC_{50}（μg/mL）
福∶噁=1∶0	y=2.5167x+0.1796	0.9884	1.032
福∶噁=3∶1	y=1.2421x+3.0756	0.9706	1.051
福∶噁=3∶2	y=0.675x+4.0779	0.9731	1.045
福∶噁=1∶1	y=0.7149x+1.8706	0.9231	1.106
福∶噁=2∶3	y=0.1695x+3.3954	0.9913	1.244
福∶噁=1∶3	y=1.6511x+0.4421	0.9921	1.158
福∶噁=0∶1	y=2.0967x+0.4304	0.9322	1.036

瓜类蔓枯病是（*Didynnella bryoniae*）引起的，当前生产中药剂使用比较单一，很容易使病原菌产生抗药性。选用了2种新型杀菌剂进行了对该病病原菌的抑菌率的测定，抑菌效果最好的是由研究组配制的不同比例，该药剂不仅对病原菌有较好的抑制效果，同时相比较供试其他药剂具有较长的持效期。室内药剂筛选试验同时表明，福·福锌、噁酮·锰

锌以不同比例复配的药剂对瓜类蔓枯病菌丝均有较强的抑制作用，但药剂按不同比例复配后对瓜类蔓枯病菌的抑制率变化幅度呈现较大的不同，这可能与各药剂不同比例对病原菌的作用机理存在差异有关（图3）。

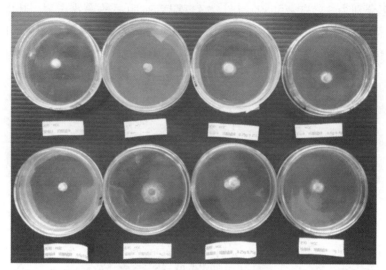

图3　福·福锌和噁酮·锰锌不同比例对甜瓜蔓枯菌的抑菌作用

从试验结果看供试的瓜类蔓枯病病原菌致病病株的抗药性尚处在较敏感阶段。在药剂不同比例的筛选的前期，该病菌菌株对供试的所有药剂均表现出高度的敏感性，因此，为防治病原菌抗药性的产生，交互使用并选用生物类农药或对环境友好的化学农药应该是目前瓜类蔓枯病田间有效防治的主要策略。

近几年瓜类蔓枯病在我国有流行的趋势，今后研究的重点应包含以下几个方面：继续重视病原菌生理生化的研究；深入探索寄主对蔓枯病病原菌的抗性机制；建立稳定高效的抗蔓枯病鉴定方法和评价体系，系统鉴定和筛选抗蔓枯病的瓜类蔬菜种质资源；充分利用已筛选出的抗、感材料，进一步明确蔓枯病抗性遗传规律，尤其是在西瓜、黄瓜上更需要加强；加强与瓜类蔓枯病相关的分子生物学研究，筛选与抗病基因紧密连锁的分子标记，实现抗病基因的精细定位及克隆；利用传统育种和分子标记辅助选择育种相结合的方法，提高选育效率，创制抗蔓枯病且综合性状优良的育种材料，培育抗病新品种。

【问题】

1. 杀菌剂复配原则是什么？
2. 如何判断两种或3种杀菌剂可以复配？

三、补充材料

（一）症状

瓜类蔓枯病主要为害主蔓和侧蔓，有时也为害叶柄、叶片。叶片受害初期在叶缘出现黄褐色"V"字形病斑，具不明显轮纹，后整个叶片枯死。叶柄受害初期出现黄褐色椭圆形至条形病斑，后病部逐渐缢缩，病部以上枝叶枯死（图4）。

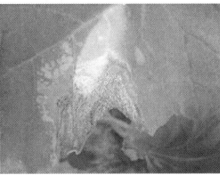

图4 甜瓜蔓枯病

（1）茎蔓。病蔓开始在近节部呈淡黄色。油浸状斑，稍凹陷，病斑椭圆形至梭形，病部龟裂，并分泌黄褐色胶状物，干燥后呈红褐色或黑色块状。生产后期病部逐渐干枯，凹陷，呈灰白色，表面散生黑色小点，即分生孢子器及子囊壳。

（2）叶片。叶片上病斑黑褐色，圆形或不规则形，其上有不明显的同心轮纹，叶缘病斑上有小黑点，病叶干枯呈星状破裂。

（3）果实。果实染病，病斑圆形，初亦呈油渍状，浅褐色略下陷，后变为苍白色，斑上生有很多小黑点，同时出现不规则圆形龟裂斑，湿度大时，病斑不断扩大并腐烂。

（二）病原形态特征

Mycosphaerella melonis 称瓜类球腔菌，属半知菌亚门真菌。分生孢子器在叶面发生，多为聚生，初埋生后突破表皮外露，球形至扁球形，器壁淡褐色，顶部呈乳状突起，器孔口明显；分生孢子短圆形至圆柱形，无色透明，两端较圆，正直，初为单胞，后生1隔膜。子囊壳细颈瓶状或球形，单生在叶正面，突出表皮，黑褐色；子囊多棍棒形，无色透明，正直或稍弯；子囊孢子无色透明，短棒状或梭形，一个分隔，上面细胞较宽，顶端较钝，下面的孢子较窄，顶端稍尖，隔膜处缢缩明显。

（三）病原菌生理分化

采用离体叶片接种法对来自广西各地的104个菌株对同一品种西瓜品种（西农八号）的致病力进行测定，所得菌株都具有致病性，不同菌株间表现出致病力差异，其中强致病力菌株占31.73%，中等致病力菌株占57.69%，弱致病力菌株占10.58%。104个菌株致病力强弱与菌株采集地点没有关系，强、中、弱致病力菌株均未集中分布于同一采样地点，而是广泛分布在各个地区，表明菌株致病力强弱与菌株分布的地理位置无关，强弱菌株在所调查的地区均有分布，说明强弱菌株在长期的流行传播过程中已广泛分布。

（四）发病条件

病菌以子囊壳、分生孢子器、菌丝体潜伏在病残组织上留在土壤中越冬，翌年产生分生孢子进行初侵染。植株染病后释放出的分生孢子借风雨传播，进行再侵染。7 月中旬气温 20~25℃，潜育期 3~5 天，病斑出现 4~5 天后，病部即见产生小黑粒点。分生孢子在株间传播距离 6~8m。甜瓜品种间抗病性差异明显：一般薄皮脆瓜类属抗病体系，发病率低，耐病力强；厚皮甜瓜较感病，尤其是厚皮网纹系统、哈密瓜类明显感病、如麻醉瓜、罗斯转、哈密瓜发病重；小暑白兰瓜、大暑白兰瓜次之，铁旦子、薄皮脆发病率最低。病菌发育适温 20~30℃，最高 35℃，最低 5℃，55℃经 10min 致死。据观察 5 天平均温度高于 14℃，相对湿度高于 55%，病害即可发生。气温 20~25℃病害可流行，在适宜温度范围内，湿度高发病重。5 月下旬至 6 月上中旬降水次数和降水量作用该病发生和流行。连作易发病。此外，密植田藤蔓重叠郁闭或大水漫灌的症状多属急性型，且发病重。

（五）防治方法

（1）选用龙甜 1 号等抗蔓枯病的品种，此外，还可选用伊丽沙白、新蜜杂、巴的等早熟品种。

（2）药剂处理种子，对杀灭种子上病菌，防止苗期侵染具有重要作用。浸种种子可用 62.5% 亮盾（精甲霜灵和咯菌腈）悬浮种衣剂 10mL，加少量水（约 60 克水）混合稀释，与完成浸种、催芽露白的种子用充分拌匀，使药膜均匀附着在种子表面，即可播种。也可用 50% 甲基硫菌灵或多菌灵可湿性粉剂浸种 30~40min。用种子重量 0.2%~0.3% 的 40% 拌种双粉剂或 50% 多菌灵可湿性粉剂拌种。

（3）合理密植，采用搭架法栽培对改变瓜田生态条件，减少发病作用明显。此外，要及时整枝、打杈，发现病株及时拔除携至田外集中深埋。

（4）施用酵素菌沤制的堆肥或充分腐熟的有机肥。

（5）现代化中药制剂预防。在植株缓苗期和第一穗果开花膨大期用农抗 120 抗菌素 500 倍液进行灌根，7 天左右用药 1 次，每个时期连用 2~3 次。治疗：可用 40% 多硫悬浮剂 500 倍液、40% 氟硅唑乳油 6 000 倍液、2% 武夷菌素水剂 200 倍液、4% 农抗 120-嘧啶核苷类抗菌素水剂 400 倍液，重点喷洒植株中下部。每隔 8~10 天再喷 1 次，连续 2~3 次。病害严重时，可用上述药剂使用量加倍后涂抹病茎部。有条件的地方可用 5% 百菌清粉剂或 5% 加瑞农粉剂 15kg/hm² 喷粉防治。对严重病株及病株周围 2~3m 内区域植株进行小区域用噁霉灵 600 倍液灌根，连灌 2 次，两次间隔 1 天。

（6）在黄瓜定植缓苗后，在植株周围地面可以用 70% 代森锰锌可湿性粉剂与 80% 百菌清可湿性粉剂按 1:1 比例混合成 300~400 倍液或 30% 甲霜·恶霉灵 600 倍液或 38% 恶霜·嘧·铜菌酯 800 倍液喷洒地面，可以有效防治蔓枯病的发生。

四、参考文献

胡凤云，莫贱友，郭堂勋，等 . 2012. 西甜瓜蔓枯病菌致病力测定与品种抗病性分析 ［J］. 南方农业学报，43（10）：1 490-1 494.

王培双，董勤成 . 2010. 瓜类蔓枯病重发原因及综合防治措施 ［J］. 安徽农学通报，16（14）：140-142.

袁培祥.2007.西瓜蔓枯病的发病特点及防治措施 [J].河南农业（12）：11.

张传清，张雅，朱祝军.2011.4 种果蔬种子带菌的种类及其抗药性 [J].长江蔬菜（4）：64-68.

张守辉，张孚.1999.黄瓜夏秋易发疫病蔓枯病及综防技术 [J].吉林蔬菜（3）：18-19.

张学军，张永兵，张羹，等.2013.甜瓜抗蔓枯病基因 G.sb-3 的 ISSR 分子标记 [J].西北植物学报，23（2）：261-265.

张永兵，陈劲枫，伊鸿平，等.2011.甜瓜抗蔓枯病基因 G.sb-2 的 ISSR 分子标记 [J].果树学报，28（2）：296-300.

张永兵，王登明，张聪，等.2009.甜瓜蔓枯病离体接种方法初步研究 [J].新疆农业科学（3）：521-525.

张永兵.2007.甜瓜细胞遗传学、单倍体创制及抗蔓枯病分子标记 [D].南京：南京农业大学.

赵娟，薛泉宏，杜军志，等.2012.广谱拮抗放线菌 C28 的鉴定及其对甜瓜蔓枯病的防治效果 [J].西北农林科技大学学报（自然科学版），40（9）：65-71.

赵彦杰，李宝聚，石延霞，等.2008.瓜类蔓枯病的发生与防治 [J].中国蔬菜（2）：56-57.

朱春林.2011.不同栽培措施对露地种植甜瓜蔓枯病的影响 [J].北方园艺（21）：123-124.

案例五　黏玉米田除草剂的筛选与药害测定

一、案例材料

玉米是我国的第一大粮食作物，田间杂草是影响玉米产量的关键因素之一。当前国内对玉米田杂草发生规律研究较多，玉米田杂草种类越来越多，数量越来越大，为害越来越严重。刘玉芹等人研究认为化学除草是当前防治杂草最有效的措施。目前市场上销售的玉米专用除草剂种类较多，主要有异丙草·莠、烟嘧·莠去津等多种除草剂。刘方明等人认为耕作制度不同也会影响杂草的生长。在玉米田除草剂的使用过程中，常常由于对除草剂的选择不正确和使用不当等多种原因，使玉米产生药害，给玉米生产造成了很大的损失。刘本华等人的除草剂田间药效试验结果表明，除草剂对玉米田有一定的药害，因此，选用高效安全除草剂已成为当前糯玉米生产上必须解决的关键问题。目前市场上还没有糯玉米的专用除草剂，为筛选出适合本地区推广使用的糯玉米的安全高效除草剂，选择了42%甲·乙莠悬浮剂、15%硝磺草酮可分散油悬浮剂、4%烟嘧磺隆悬浮剂3种玉米除草剂进行了田间小区药效对比试验。

二、案例分析

（一）试验地概况

试验地土壤为壤土，前茬作物为葡萄。糯玉米播种前未施其他肥料。糯玉米于5月16日直播。试验地的主要杂草有藜（*Chenopodium album*）、马唐［*Digitaria sanguinalis* (L.) Scop.］、稗草（*Echinochloa crusgalli* L.）、田旋花（*Convolvulus arvensis* L.）、鸭跖草（*Commelina communis*）、刺菜儿［*Cirsium setosum* (Willd.) MB.］等。

（二）供试药剂

42%甲·乙莠悬浮剂（SC）山东奥坤生物科技有限公司生产、4%烟嘧磺隆悬浮剂（SC）日本石原产业株式会社生产、15%硝磺草酮油悬剂（OF）河南金田地农化有限责任公司生产。

（三）供试玉米品种

农科玉京科糯 2000，北京华奥生物科技有限公司生产。

（四）试验设计

试验共设 5 个处理：① 42%甲·乙莠 SC363.13ml/hm²；② 15%硝磺草酮 OF69.45ml/hm²；③ 4%烟嘧磺隆 SC69.45ml/hm²；④清水对照（CK）；⑤空白对照；每个处理 3 次重复，共 15 个试验小区，每个小区面积 48.96m²，随机区组排列，试验田周围设保护行，保护行长度为 2.4m，各小区之间设有隔离带，隔离带距离为东西 60cm 南北 80cm。

（五）播种

糯玉米于 2015 年 5 月 16 日直播，种植密度 2 600～2 800 株/667m²。糯玉米株距 25cm，行距 60cm，播种深度小于 4cm，种子上部覆盖细土 3～4cm。每穴播种 2 粒，播种前种子未用任何杀虫剂和杀菌剂处理。糯玉米全生育期 92 天左右，生育期分为苗期、拔节期、孕穗期、灌浆期和成熟期。

（六）喷药

在糯玉米播后苗前均匀喷洒 42%甲·乙莠 SC363.13ml/hm²并用相同水量喷洒清水对照区（ck），在玉米 3～5 叶期喷洒 4%烟嘧磺隆 SC69.45ml/hm²和 15%硝磺草酮 OF69.45ml/hm²并用相同水量喷洒清水对照区（ck）。所用喷雾器械为工农-16 背负式喷雾器，喷药时选择在无风天气，下午 15：00～17：00 时进行喷雾，采用扇形均匀喷雾方式，喷雾高度距地面 3～5cm，注意不重喷，不漏喷。

（七）除草剂药效调查及计算方法

杂草防效采用绝对值（数测）调查法。在施药后 5 天、10 天、15 天、20 天、40 天进行调查，每小区随机取 3 个点，每个点调查 0.3m²，调查内容包括杂草的种类、株数、鲜重。计算株防效及鲜重防效。

株防效（%）=（清水对照株数-药剂处理株数）/清水对照株数×100

鲜重防效（%）=（清水对照杂草鲜重-药剂处理杂草鲜重）/清水对照杂草鲜重×100

（八）除草剂对后茬作物小麦药害的测定

糯玉米在收获后，翻地，在每个小区种植小麦，8 月 23 日以 7.4kg/hm²密度种植。每 5m×0.2m 为一行，每个小区 5 行，深度 3cm，覆盖细土。

9 月 3 日和 9 月 8 日分别调查幼苗的出苗率和株高。

9 月 8 日在每个小区随机取样 500 株小麦幼苗，在实验室测定小麦的根数，根长，每个小区的鲜重和干重，3 次重复平均。

（九）飘移药害测定

在糯玉米周围种植的桃树，棉花，花生，梨树等作物与除草剂喷药小区的距离分别为 1m，2m，3m，4m。

注：叶片药害分级：一级 0%～25%；二级 26%～50%；三级 51%～75%；四级 75%～100%。

（十）数据统计

利用 SPSS19.0 统计分析软件，采用邓肯氏新复极差法（DMRT）进行差异显著性分析。

（十一）结果与分析

在施药 5 天后 3 种药剂对杂草的株防效为 37.1%～89.46%，其中烟嘧磺隆的株防效为 37.71%，硝磺草酮的株防效为 60.43%，甲·乙莠的株防效为 89.46%，甲·乙莠的株防效明显高于其他两种药剂，硝磺草酮的株防效高于烟嘧磺隆的株防效，3 种药剂之间的株防效差异极显著。3 种药剂鲜重防效为 5.69%～79.1%，其中烟嘧磺隆的鲜重防效为 5.69%，防效最低，甲·乙莠的鲜重防效为 79.1%，防效最高，硝磺草酮的鲜重防效介于两者之间，烟嘧磺隆和甲·乙莠的鲜重防效差异极显著，和硝磺草酮的鲜重防效差异不显著，硝磺草酮和甲·乙莠的鲜重防效差异也不显著（表1）。

表1　除草剂对杂草的防治效果（5天）

药剂处理	株防效（%）	鲜重防效（%）
烟嘧磺隆	37.71±5.85cC	5.69±22.67bB
硝磺草酮	60.43±2.60bB	44.83±25.84abAB
甲·乙莠	89.46±0.94aA	79.1±14.60aA
清水对照（CK）	—	—

注：同一列中标记相同字母表示差异不显著，不同小写字母表示差异显著，不同大写字母表示差异极显著

在施药 10 天后 3 种药剂对杂草的株防效为 23.98%～77.79%，其中烟嘧磺隆的株防效为 23.98%，硝磺草酮的株防效为 44.83%，甲·乙莠的株防效为 77.79%，甲·乙莠的株防效明显高于其他两种药剂，硝磺草酮的株防效高于烟嘧磺隆的株防效，烟嘧磺隆和甲·乙莠的株防效差异极显著，和硝磺草酮的株防效差异不显著。甲、乙莠和硝磺草酮的株防效差异也不显著。其鲜重防效为 25.13%～54.63%，其中烟嘧磺隆的鲜重防效为 25.13%，防效最低，甲·乙莠的鲜重防效为 54.63%，防效最高，硝磺草酮的鲜重防效介于两者之间，3 种药剂之间鲜重防效差异不显著（表2）。

表 2　除草剂对杂草的防治效果（10 天）

药剂处理	株防效（%）	鲜重防效（%）
烟嘧磺隆	23.98±5.83bB	25.13±10.40aA
硝磺草酮	44.83±25.84abAB	44.83±25.84abAB
甲·乙莠	77.79±15.51aA	54.63±49.27aA
清水对照（CK）	—	—

注：同一列中标记相同字母表示差异不显著，不同小写字母表示差异显著，不同大写字母表示差异极显著

从表 3 可以看出，在施药 15 天后 3 种药剂对杂草的株防效在-36.16%~64.77%，其中烟嘧磺隆的株防效为-36.16%，硝磺草酮的株防效为-35.06%，甲·乙莠的株防效为64.77%，甲·乙莠的株防效明显高于其他两种药剂，甲·乙莠与烟嘧磺隆与硝磺草酮的株防效差异显著，烟嘧磺隆和硝磺草酮的株防效差异不显著。其鲜重防效在-79.13%~31.02.%，其中烟嘧磺隆的鲜重防效为31.02%，防效最高，和甲·乙莠的鲜重防效差异性显著。硝磺草酮和甲·乙莠的鲜重防效差异不显著。

表 3　除草剂对杂草的防治效果（15 天）

药剂处理	株防效（%）	鲜重防效（%）
烟嘧磺隆	-36.16±25.21bA	31.02±22.92aA
硝磺草酮	-35.06±54.05bA	-34.78±26.05abAB
甲·乙莠	64.77±13.46 aA	-79.13±47.61bB
清水对照（CK）	—	—

注：同一列中标记相同字母表示差异不显著，不同小写字母表示差异显著，不同大写字母表示差异极显著

在施药 20 天后 3 种药剂对杂草的株防效在 23.34%~45.63%，其中烟嘧磺隆的株防效为23.34%最低，硝磺草酮的株防效最高为58.89%，甲·乙莠的株防效为45.63%，3种药剂之间株防效差异性不显著。其鲜重防效在12.57%~43.10%，其中硝磺草酮的鲜重防效最高为43.1%，甲·乙莠的鲜重防效高于烟嘧磺隆，3种药剂之间的鲜重防效差异性不显著（表4）。

表 4　除草剂对杂草的防治效果（20 天）

药剂处理	株防效（%）	鲜重防效（%）
烟嘧磺隆	23.34±36.65aA	12.57±32.40aA
硝磺草酮	58.89±33.11aA	43.10±18.89aA
甲·乙莠	45.63±46.29aA	29.73±35.28aA
清水对照（CK）	—	—

注：同一列中标记相同字母表示差异不显著，不同小写字母表示差异显著，不同大写字母表示差异极显著

从表 5 可以看出，在施药 40 天后，3 种药剂对杂草的株防效为 -32.57%~52.35%，其中烟嘧磺隆的株防效为 -32.57%，防效最低，硝磺草酮的株防效为 52.35%，防效最高，甲·乙莠为 47.15%，3 种药剂之间的株防效差异性不显著。其鲜重防效为 33.69%~65.56%，其中硝磺草酮的鲜重防效最高为 65.56%，烟嘧磺隆的鲜重防效最低为 33.69%，甲·乙莠的鲜重防效 57.46% 介于两者之间。3 种药剂之间的鲜重防效差异性不显著。

表 5　除草剂对杂草的防治效果（40 天）

药剂处理	株防效（%）	鲜重防效（%）
烟嘧磺隆	-32.57±7.40aA	33.69±35.48aA
硝磺草酮	52.35±29.46aA	65.56±56.78aA
甲·乙莠	47.15±88.58aA	57.46±39.65aA
清水对照（CK）	—	—

注：同一列中标记相同字母表示差异不显著，不同小写字母表示差异显著，不同大写字母表示差异极显著

从表 6 可以看出，烟嘧磺隆能有效防治禾本科窄叶杂草，如马唐、稗草等，防效高于硝磺草酮和甲·乙莠。硝磺草酮和甲·乙莠能有效防治阔叶类杂草，如藜、田旋花等，从平均防效来看，硝磺草酮的平均株防效为 75.3% 高于其他两种药剂，甲·乙莠平均株防效 69.2% 居中，烟嘧磺隆的平均株防效 56.7% 最低。3 种药剂的株防效差异性不显著。

表 6　除草剂对不同种类杂草的株防效（40 天）

	药剂防治效果（%）							差异显著性	
	马唐	稗草	藜	田旋花	鸭跖草	马齿苋	平均		
烟嘧磺隆	68.3	75.2	58.6	33.4	32.2	72.5	56.7	a	A
硝磺草酮	56.4	42.8	95.3	83.7	85.4	88.6	75.3	a	A
甲·乙莠	54.5	43.7	90.1	80.2	70.3	76.4	69.2	a	A

从表 7 可以看出，施药后 40 天硝磺草酮的鲜重防效的平均值高达 84.1%，明显高于烟嘧磺隆和甲·乙莠，硝磺草酮和烟嘧磺隆之间的差异性显著，和甲·乙莠之间差异性不显著。甲·乙莠的平均鲜重防效高于烟嘧磺隆，两种药剂之间鲜重防效差异性不显著（表 7）。

表 7　除草剂对不同种类杂草的鲜重防效（40 天）

	药剂防治效果（%）							差异显著性	
	马唐	稗草	藜	田旋花	鸭跖草	马齿苋	平均		
烟嘧磺隆	76.2	77.4	66.5	43.7	40.1	78.3	63.7	a	A
硝磺草酮	68.6	63.4	98.7	92.3	90.3	91.6	84.1	a	A
甲·乙莠	63.2	63.8	92.5	88.6	80.5	88.4	79.5	a	A

1. 除草剂对后茬小麦生长性状的影响

硝磺草酮处理的小麦的出苗最高为88.16%，甲·乙莠处理的小麦出苗率最低为77.55%，甲·乙莠处理的出苗率比清水对照降低率20.13%，甲·乙莠除草剂对后茬小麦出苗率有影响（表8）。

表8　除草剂对后茬小麦出苗率的影响

药剂处理	出苗率（%）	出苗率降低率（%）
甲·乙莠	77.55	20.13
硝磺草酮	88.16	3.76
烟嘧磺隆	78.18	10.38
清水 CK	90.58	—
空白 CK	92.33	—

空白对照的小麦幼苗株高最高为14.07cm，甲·乙莠处理小麦幼苗株高最低为10.62cm，小麦幼苗株高间无显著差异。烟嘧磺隆处理小麦幼苗根长最高为4.08cm，甲·乙莠处理小麦幼苗根长为3.11cm，甲·乙莠处理的小麦幼苗根长显著地低于对照处理和烟嘧磺隆处理。空白对照的小麦幼苗根数最高为4.63根，烟嘧磺隆处理小麦幼苗根数为4.23根，甲·乙莠处理小麦幼苗根数为3.54根。甲·乙莠除草剂处理小麦根数显著地低于空白对照，清水对照和烟嘧磺隆除草剂（表9）。

表9　除草剂对后茬小麦幼苗株高、根长和根数的影响

药剂处理	株高（cm）	根长（cm）	根数（根）
甲·乙莠	10.62±2.46abA	3.11±0.21bA	3.54±0.82bA
硝磺草酮	11.32±0.65aA	3.47±0.55abA	4.41±0.28aA
烟嘧磺隆	12.14±2.20aA	4.08±1.80aA	4.23±0.54abA
清水 CK	12.17±2.95aA	3.52±0.70aA	4.26±0.23aA
空白 CK	14.07±1.64aA	3.62±1.59aA	4.63±0.27aA

由表10可知，烟嘧磺隆处理小麦幼苗鲜重为33.32g，甲·乙莠处理小麦幼苗的鲜重为31.84g。甲·乙莠处理小麦幼苗鲜重显著地低于烟嘧磺隆处理。在小麦幼苗干重中，清水对照处理的最高为10.16g，硝磺草酮处理为10.14g，空白对照干重为9.47g，烟嘧磺隆处理干重为9.15g，甲·乙莠处理的干重为8.08g。小麦幼苗的干重间无显著差异（表10）。

表10　除草剂对后茬小麦幼苗鲜重和干重的影响

药剂处理	鲜重（g）	干重（g）
甲·乙莠	31.84±8.55bA	8.08±1.42aA
硝磺草酮	39.82±3.48aA	10.14±0.19aA

（续表）

药剂处理	鲜重（g）	干重（g）
烟嘧磺隆	33. 32±5. 15abA	9. 15±0. 94aA
清水 CK	34. 80±7. 12abA	10. 16±1. 15aA
空白 CK	44. 56±11. 27aA	9. 47±0. 73aA

2. 除草剂飘移药害的测定

表 11　除草剂对桃树药害测定

药剂	1m	2m	3m	4m
甲·乙莠	一级	—	—	—
硝磺草酮	三级	二级	一级	—
烟嘧磺隆	三级	二级	一级	—
清水 CK	—	—	—	—
空白 CK	—	—	—	—

注：叶片药害分级：一级 0%～25%，二级 26%～50%，三级 51%～75%，四级 75%～100%（下同）。
桃树药害症状：叶片逐渐黄化，叶片褪绿，严重的叶片干枯掉落（表11，图1）。

图 1　玉米田除草剂对桃树的飘移药害

棉花药害症状：叶片枯萎，叶片褪绿，叶面积减小，植株矮小纤细（表12，图2）。

表 12　除草剂对棉花药害测定

药剂处理	1m	2m	3m	4m
甲·乙莠	一级	—	—	—
硝磺草酮	三级	二级	一级	—
烟嘧磺隆	二级	一级	—	—
清水 CK	—	—	—	—
空白 CK	—	—	—	—

图 2　玉米田除草剂对棉花的飘移药害

花生药害症状：植株矮小，叶片逐渐黄化（表 13，图 3）。

表 13　除草剂对花生的药害测定

药剂处理	1m	2m	3m	4m
甲·乙莠	一级	—	—	—
硝磺草酮	三级	二级	一级	—
烟嘧磺隆	三级	二级	一级	—
清水 CK	—	—	—	—
空白 CK	—	—	—	—

图 3　玉米田除草剂对花生的飘移药害

梨树药害症状：叶片干枯卷曲，叶片出现黄色斑点，严重时叶片干枯掉落（表 14，图 4）。结果表明，3 种药剂对不同的作物的不同距离产生的药害的程度不同，15%硝磺草酮除草剂和 4%烟嘧磺隆除草剂对桃树、花生、梨树产生药害较重，15%硝磺草酮除草剂对棉花产生的药害严重。

表14　除草剂对梨树的药害测定

药剂处理	1m	2m	3m	4m
甲·乙莠	一级	—	—	—
硝磺草酮	三级	二级	一级	—
烟嘧磺隆	三级	二级	一级	—
清水 CK	—	—	—	—
空白 CK	—	—	—	—

图4　玉米田除草剂对梨树的飘移药害

3. 除草剂对糯玉米产量的影响

图5表明，清水对照的糯玉米产量是142.8kg，个数为419个，烟嘧磺隆除草剂糯玉米产量是160.62kg，个数为466个，甲·乙莠除草剂的糯玉米产量为170.68kg，个数为510个，硝磺草酮除草剂的糯玉米产量是174.51kg，个数为524个，空白对照糯玉米产量为225.66kg，个数为660个。3种除草剂中，烟嘧磺隆除草剂的糯玉米产量和个数最少，甲·乙莠除草剂的糯玉米产量和个数次之，硝磺草酮除草剂的糯玉米产量和个数最多（图5）。

（十二）结论与讨论

施药前期，42%甲·乙莠悬浮剂的防效高于其他两种药剂，其平均防效为77.79%。施药中后期，15%硝磺草酮可分散油悬浮剂的防效高于其他两种药剂，其平均防效为52.35%，能达到糯玉米高产稳产的效果，可在糯玉米生产中大力推广使用，4%烟嘧磺隆悬浮剂的防治效果最低，不建议使用。15%硝磺草酮可分散油悬浮剂能有效防除阔叶类杂草如田旋花、藜等，对马唐和稗草的防治效果差，在推广使用时注意当地田间的主要草相。4%烟嘧磺隆悬浮剂，能够防除糯玉米田大部分一年生禾本科杂草如马唐，42%甲·乙莠悬浮剂能有效防治阔叶杂草，其防效期较长，前期防治效果好。

42%甲·乙莠SC对后茬作物小麦幼苗的出苗率有抑制作用，小麦在生长过程中，叶

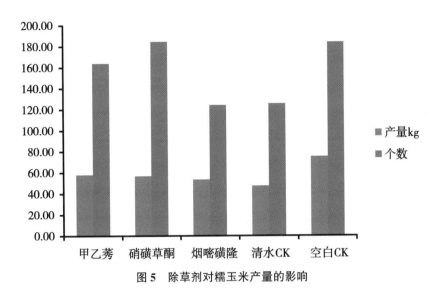

图5　除草剂对糯玉米产量的影响

片出现黄白色斑点或成片斑，叶尖干枯，叶间分散黑褐的小斑点。根长的生长较缓慢。15%硝磺草酮OF在糯玉米喷药后4~5天，叶片逐渐出现白化现象，两周后渐渐恢复正常，对产量并无大的影响。4%烟嘧磺隆SC在糯玉米3~5叶期使用，在喷药一周左右后逐渐出现药害，植株比较矮小，心叶褪绿，叶片黄化，药害较轻的植株在10天后逐渐恢复生长，严重的在后期生长的果穗小，且产量低。周围作物桃树的药害症状，叶片干枯，严重的干枯掉落。棉花的生长有抑制作用，前期出现叶片大面积的枯萎，植株矮小，纤细，后期枯萎面积渐渐减少。花生出现黑褐色斑点。梨树叶片卷曲，叶片黄化，叶缘干枯。

经过对糯玉米整个生育时期的观察以及产量的分析，糯玉米出苗前应该喷洒土壤处理剂，苗后喷洒茎叶处理剂，可有效防除杂草达到糯玉米高产的效果。综合表4表5，分析其株防效和鲜重防效差异性不显著的原因：由于夏季气温偏高，造成雨水较多，导致后期杂草生长较快，生长量较大，加之本地区多阴雨天气原因造成糯玉米田杂草长势过旺，药剂用量控制不住杂草的长势，造成后期试验结果不显著。经过对糯玉米生长期观察，前期糯玉米田杂草长势弱，后期杂草长势强，因此建议苗后35~40天再喷洒一次药剂[15]，可有效控制糯玉米生育期杂草的危害。烟嘧磺隆是内吸性茎叶处理剂，其选择性是以耐受作物和敏感杂草之间降解速度为基础的，其降解速度缓慢，需要通过木质部和韧皮部在体内传导，进而破坏细胞分裂，由于它除草具有选择性，所以其防治效果较差。甲·乙莠在玉米田的防效高于在糯玉米田的防效，其防治效果受天气的影响因素较大，雨水大的情况下，防治效果较差。烟嘧磺隆在杂草芽后4叶期以前施药药效好，苗大时施药药效下降。该药具有芽前除草活性，但活性较芽后低，在玉米田的杂草防治效果相对于糯玉米田的防效好。一般情况下20~25天杂草死亡，但在气温较低的情况下对某些多年生杂草需较长的时间。硝磺草酮对玉米的安全，受环境因素影响较小，对后茬作物安全，对玉米田和糯玉米田的杂草均有较好的防治效果。

黄春艳等研究表明，喷洒除草剂使小麦叶片从上部心叶开始褪绿，下部从叶尖开始干枯，严重的整个叶片枯萎，直至最后死亡。本试验中糯玉米的田间除草剂的喷洒方式不当，造成周围植物的飘移药害。15%硝磺草酮OF对周围作物棉花的生长有抑制作用，前期出现叶片大面积的枯萎，植株矮小，纤细，后期枯萎面积渐渐减少，但较其他未受药害的棉花的叶面积小，植株矮小，果节数、蕾数和铃数都较少。为预防药害的发生一是严格掌握用药时期。二是严格掌握用药量。三是农田化除作业区要远离敏感作物（至少200m以上），避免除草剂飘移造成药害。四是选择适宜环境条件用药。五是搞好药剂稀释。使用除草剂最好采用二次稀释法。六是注意除草剂的合理轮用。七是要熟悉除草剂的药性。使用灭生性除草剂时，要在喷雾器喷头上加戴防护罩，定向喷雾。八是搞好药剂试验。4%烟嘧磺隆SC药害主要表现为心叶褪绿，或出现不规则的褪绿斑点，叶片逐渐黄化，部分植株的心叶牛尾状，叶片卷缩成筒状，叶缘皱缩。药害发生严重的植株生长发育受到抑制，植株矮小，有的出现次生和丛生茎。药害较轻的植株在10天后逐渐恢复生长，严重的在后期生长的果穗小，且产量低。本次试验中在糯玉米3~5叶期喷洒4%烟嘧磺隆SC69.45ml/hm^{2}糯玉米出现药害症状。轻微的药害后期可以恢复，有些植株药害后期植株矮小，果穗小，产量低，应选用合适的剂量进行杂草防治。药害发生后，可用水洗补救，足量浇水，激素补救，施肥补救，加强中耕松土，补种毁种。

【问题】

1. 玉米田专用除草剂可以直接用于防除糯玉米田杂草吗？
2. 烟嘧磺隆等磺酰脲类除草剂使用时有何要求？
3. 莠去津对田旋花、刺菜等多年生杂草的防除效果如何？
4. 硝磺草酮的作用特点和除草机理是什么？

三、补充材料

1. 磺酰脲类除草剂

1982年杜邦公司开发出第一个商品化的磺酰脲类除草剂——氯磺隆，并以此为开端相继开发出一系列用途各异的磺酰脲类除草剂。除杜邦公司外，许多大农药公司也进行了该类除草剂的研制和开发，目前注册此类品种的还有巴斯夫、拜耳、ISK、孟山都、日产化学、日本武田、先正达等公司。到目前为止，有关磺酰脲类除草剂的品种主要有：噻吩磺隆、苯磺隆、酰嘧磺隆、甲基二磺隆、醚苯磺隆、单嘧磺酯、氟唑磺隆、苄嘧磺隆、吡嘧磺隆、醚磺隆、乙氧嘧磺隆、四唑嘧磺隆、环丙醚磺隆、烟嘧磺隆、砜嘧磺隆、甲酰氨黄隆、氯嘧磺隆、甲嘧磺隆、啶嘧磺隆等。

2. 磺酰脲类除草剂除草机理

磺酰脲类农药为选择性内吸传导型除草剂，易被植物的根、叶吸收，在木质部和韧皮部传导，它能够抑制植物体内至关重要的乙酰乳酸合成酶（Acetolactate synthase，ALS），也称为乙酰羟基丁酸合成酶（Acetohydroxyacid synthase，AHAS）的活性，从而抑制带支链氨基酸如缬氨酸、亮氨酸、异亮氨酸的生物合成，导致底物α-丁酮的积累，阻碍细胞分裂期间DNA的合成，使有丝分裂停止，细胞不能正常生长，最终达到除草目的。ALS酶是植物、真菌和细菌细胞内支链氨基酸生物合成第一阶段关键酶，在支链氨基酸生物合成的开始阶段，可将 2 分子丙酮酸或 1 分子丙酮酸与 1 分子 α-丁酮酸催化缩合，分别生成乙酰乳酸或乙酰羟基丁酸，再经过一系列反应形成缬氨酸、亮氨酸和异亮氨酸。

3. 玉米田除草剂

（1）茎叶处理剂。硝磺草酮是一种能够抑制羟基苯基丙酮酸酯双氧化酶（HPPD）的芽前和苗后广谱选择性除草剂，可有效防治主要的阔叶草和一些禾本科杂草。对苘麻、苋菜、藜、蓼、稗草、马唐等有较好的防治效果，而对铁苋菜和一些禾本科杂草防治效果较差。

烟嘧磺隆是内吸性除草剂，可为杂草茎叶和根部吸收，随后在植物体内传导，造成敏感植物生长停滞、茎叶褪绿、逐渐枯死，一般情况下 20~25 天死亡，但在气温较低的情况下对某些多年生杂草需较长的时间。在芽后 4 叶期以前施药药效好，苗大时施药药效下降。对稗草、狗尾草、野燕麦、反枝苋防除效果好；本氏蓼、葎草、马齿苋、鸭舌草、苍耳和苘麻、莎草防效中等；藜、龙葵、鸭趾草、地肤和鼬瓣花防效较差。

（2）土壤处理剂。莠去津是内吸选择性苗前、苗后封闭除草剂。根吸收为主，茎叶吸收很少。易被雨水淋洗至土壤较深层，对某些深根草亦有效，但易产生药害。持效期也较长。可防除多种一年生禾本科和阔叶杂草。对马唐、稗草、狗尾草、莎草、看麦娘、蓼、藜、十字花科、豆科杂草等杂草防除效果好。

乙草胺是目前世界上最重要的除草剂品种之一，也是目前我国使用量最大的除草剂之一。考虑到暴露在施用乙草胺的环境中每日摄取容许量以上对人体的潜在危害，以及地表水中乙草胺代谢物对人体的危害，现在还不能排除基因毒性的存在，欧盟委员会决定不予除草剂乙草胺再登记，已下令欧盟成员国在 2012 年 7 月 23 日取消其登记。乙草胺是选择性芽前处理除草剂，主要通过单子叶植物的胚芽鞘或双子叶植物的下胚轴吸收，吸收后向上传导，主要通过阻碍蛋白质合成而抑制细胞生长，使杂草幼芽、幼根生长停止，进而死亡。禾本科杂草吸收乙草胺的能力比阔叶杂草强，所以防除禾本科杂草的效果优于阔叶杂草。乙草胺在土壤中的持效期 45 天左右，主要通过微生物降解，在土壤中的移动性小，主要保持在 0~3cm 土层中。乙草胺对马唐、狗尾草、牛筋草、稗草、千金子、看麦娘、野燕麦、早熟禾、硬草、画眉草等一年生禾本科杂草有特效，对藜科、苋科、蓼科、鸭跖草、牛繁缕、菟丝子等阔叶杂草也有一定的防效，但是效果比对禾本科杂草差，对多年生杂草无效。

甲草胺是一种选择性芽前除草剂。植物幼芽吸收药剂后，抑制蛋白酶的活力，阻碍蛋白质合成，致使杂草死亡。主要用于在出苗前土壤中萌发的杂草，对已出土杂草基本无效。可防除一年生禾本科杂草，如稗草、牛筋草、秋稷、马唐、狗尾草、蟋蟀草、臂形草等。

四、参考文献

丁祖军，张洪进，张夕林，等 . 2003. 玉米田杂草发生规律经济防除阈值及竞争临界期研究［J］. 杂草科学（2）：15-17.

李香菊，杨殿贤，赵郁强，等 . 2007. 除草剂对作物产生药害的原因及治理对策［J］.

农药科学与管理，25（3）：39-44.

林茂森，孙克威，杨春玲，等.2006.不同除草剂对玉米田杂草的防治效果研究［J］.
农业与技术，26（6）：56-58.

刘本华.2009.50%乙草胺乳油防治玉米田一年生杂草的效果［J］.耕作与栽培
（1）：49.

刘迪，范志业，陈琦，等.2018.4种除草剂对夏玉米田杂草及麦苗的防效与安全性
比较［J］.玉米科学，26（1）：154-159.

刘方明，梁文举，闻大中，等.2005.耕作方法和除草剂对玉米田杂草群落的影响
［J］.应用生态学报，16（10）：1879-1882.

刘玉芹，赵国芳，温永秀，等.2010.除草剂概述及玉米田综合除草技术探讨［J］.
河北农业科学，14（8）：127-128.

钱新民，王伟中，徐建明，等.2003.江苏省玉米田杂草群落演变和防除技术进展
［J］.江苏农业科学，4：45-46.

苏少泉，宋顺祖.1996.中国农田杂草化学防治［M］.北京：中国农业出版社.

苏兴海，陈忠军.2008.72%异丙甲草胺防治玉米田杂草试验［J］.现代农业科技
（9）：64.

孙彦辉，郑宝福，田秀丽，等.2008.30%甲基磺草酮·乙草胺悬浮剂防治玉米田杂
草试验［J］.天津农业科学，14（1）：53-55.

汪明根，程玉，谭秀芳，等.2007.玉米田杂草发生规律和防治技术研究［J］.上海
农业科技（3）：129-130.

王群.2017.玉米田化学除草剂主要类型及其应用技术的研究［J］.现代农业（8）：
38-39.

王宇，黄春艳，陈铁保，等.2002.百农思单用及混用防除玉米田杂草试验简报［J］.
中国农学通报，18（5）：85-86.

许海涛，王友华，许波，等.2009.夏玉米田杂草发生规律及防除［J］.大麦与谷类
科学（2）：50-51.

张玉聚，成国森.1999.除草剂混用原理与应用技术［M］.北京：中国农业科学技术
出版社.

案例六　木霉菌对杀菌剂的抗药性研究

一、案例材料

木霉菌（*Trichoderma* spp.）属于半知菌类的丝孢纲，丛梗孢目，丛梗孢科，广泛存在于土壤、根围、叶围、种子和球茎等生态环境中。木霉菌因其具有广泛的适应性、寄主广谱性，对多种植物病原真菌有拮抗作用，可防治 18 个属 29 种病原菌。在国内外研究中，利用木霉菌防治植物病害的报道特别多，如利用木霉菌防治作物枯萎病、猝倒病、立枯病、纹枯病、根腐病等都取得了良好效果，特别对作物枯萎病防治。赵国其发现绿色木霉（*Trichoderma viride*）能有效抑制西瓜枯萎病菌的生长，长效地保护西瓜苗，防效比多菌灵好。庄敬华等用绿色木霉菌株添加少量营养元素为增效剂，对温室盆栽和田间大棚甜瓜枯萎病防效达 76% 左右，并对苗期甜瓜生长有明显的促进作用。林纬等将从作物根际中分离到的哈茨木霉（*Trichoderma harzianum*）、黏帚霉（*Gliocladium* spp.）和芽孢杆菌（*Bacillus* spp.）3 种菌混合并且采取一些措施对西瓜枯萎病的防效达 90% 以上。庄敬华等通过生物测定的方法初步研究了绿色木霉菌 T23 分生孢子和厚垣孢子对黄瓜枯萎病防治效果及黄瓜幼苗几种防御酶活性的影响。同时，人们发现木霉不仅对植物病原真菌具有拮抗效应，还能促进植物营养吸收、提高作物生长和产量。在生物防治中加入少量的化学杀菌剂，可以使病原菌菌丝失活，生长速度缓慢，致病性降低，使靶标病原菌对生物菌剂的侵害更加敏感，从而提高了生物菌剂的防治效果，也减少化学农药使用剂量及残留量。因此，选育具有高耐性且对多种化学农药具有多重抗性的突变型菌株，实现生物农药与化学农药综合协同作用，是当前植物病害防治的一条新途径。

多菌灵等杀菌剂是目前被大量使用的真菌杀菌剂，可有效控制多种植物病害，但病原菌对其易产生抗药性，因此有必要将木霉菌剂和多菌灵复合使用，以提高木霉菌剂的生防效果，大幅度降低化学杀菌剂用量和残留量。但木霉菌对多菌灵非常敏感，限制了木霉菌的田间应用。蔬菜保护地高水高肥高农药的环境条件为木霉菌的遗传进化提供了可能，从保护地土壤中分离到的木霉菌对土壤环境条件的适应性较强，容易筛选到对化学农药抗（耐）性相对较强的菌株。因此本文的目的在于对从保护地土壤中分离到的木霉菌中来筛选对化学农药抗（耐）性相对较强的菌株，以期为木霉生防制剂的研发和实现土传病害的可持续控制提供理论依据。由于温室蔬菜枯萎病、灰霉病、叶霉病和晚疫病比较重，常用苯并咪唑类、二甲酰亚胺类、羧酸氨基化合物类和氨基甲酸酯类杀菌剂，从中选择具有代表性的杀菌剂，测定了木霉菌对其抗药性高低。

二、案例分析

（一）木霉菌株

黏绿木霉（*Trichoderma virens*）、棘孢木霉（*Trichoderma asperellum*）、哈茨木霉（*Trichoderma harzianum*）。

（二）杀菌剂

50%多菌灵可湿性粉剂（美国普利通化学公司）。
10%多抗霉素可湿性粉剂（北京大北农集团）。
65%克得灵可湿性粉剂（西安美邦公司）。
72%克露可湿性粉剂（美国杜邦公司）。
20%乙霉威可湿性粉剂（西安美邦公司）。
80%烯酰吗啉可湿性粉剂（西安美邦公司）。
50%异菌脲可湿性粉剂（山东植保站）。

（三）木霉菌对杀菌剂的抗药性

采用生长速率法测定木霉菌对杀菌剂的抗性。方法如下：用直径 5mm 的打孔器从培养 3 天的新鲜木霉菌的菌落边缘打取菌丝块，菌丝面向下接种于含不同浓度农药的平板上，25℃黑暗培养 3 天后，量取菌落直径，计算有效中浓度（EC_{50}值）。以不含药剂的纯培养为对照，3 次重复。

（四）结果与分析

1. 黏绿木霉（*Trichoderma virens*）抗药性（表1，图1~4）

表 1　黏绿木霉（*Trichoderma virens*）对杀菌剂的抗药性

杀菌剂	回归方程	相关系数 R^2	EC_{50}（μg/mL）	EC_{90}（μg/mL）
多抗霉素	$y = 0.8474x + 3.4224$	0.9892	1.257	1.402
多菌灵	$y = 3.3631x - 0.9491$	0.9746	1.042	1.071
克得灵	$y = 1.4824x + 2.3509$	0.9504	1.042	1.109
克露	$y = -1.3721x + 10.003$	0.9995	1.088	1.016
乙霉威	$y = 1.0868x + 3.6865$	0.9859	1.028	1.119
异菌脲	$y = 0.1529x + 1.0582$	0.9853	1.811	3.307
烯酰吗啉	$y = 0.2701x + 3.7382$	0.9921	1.114	1.566

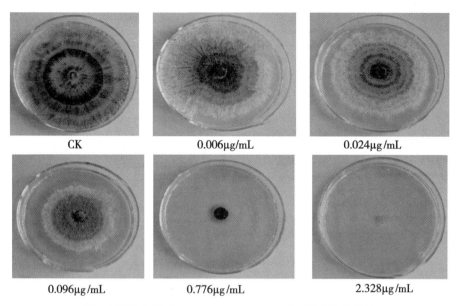

CK　　　　　　0.006μg/mL　　　　　　0.024μg/mL

0.096μg/mL　　　　　　0.776μg/mL　　　　　　2.328μg/mL

图1　黏绿木霉（*Trichoderma virens*）对乙霉威的抗药性

从表1可以看出，黏绿木霉对不同类型的杀菌剂的抗性不同，可以得出其对杀菌剂的抗药性高低依次为：异菌脲>多抗霉素>烯酰吗啉>克露>多菌灵，克得灵>乙霉威。对异菌脲抗性最强，EC_{50} 为 1.811μg/mL，EC_{90} 为 3.307μg/mL。异菌脲是取代脲类内吸性杀菌剂，主要防治灰葡萄孢引起的灰霉病，因此，今后可将木霉菌与该类药剂进行复配或同时使用，达到同时防治多种病害的目的。其次是多抗霉素，其 EC_{50} 为 1.257μg/mL，EC_{90} 为 1.402μg/mL；再次为烯酰吗啉，EC_{50} 为 1.114μg/mL，EC_{90} 为 1.566μg/mL；黏绿木霉对乙霉威、克得灵和多菌灵则比较敏感。EC_{50} 值分别为 1.028μg/mL、1.042μg/mL 和 1.042μg/mL，而对多菌灵的敏感性高于克得灵。

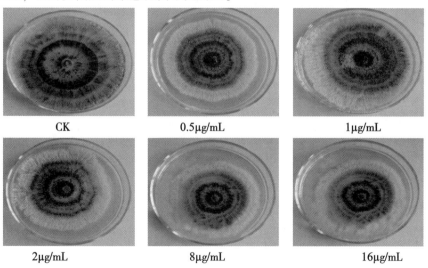

CK　　　　　　0.5μg/mL　　　　　　1μg/mL

2μg/mL　　　　　　8μg/mL　　　　　　16μg/mL

图2　黏绿木霉（*Trichoderma virens*）对烯酰吗啉的抗药性

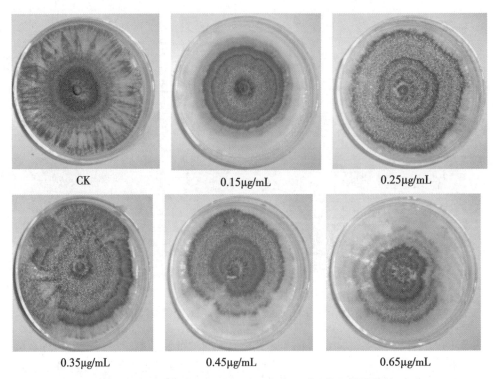

CK   0.15μg/mL   0.25μg/mL

0.35μg/mL   0.45μg/mL   0.65μg/mL

图 3　黏绿木霉（*Trichoderma virens*）对异菌脲的抗药性

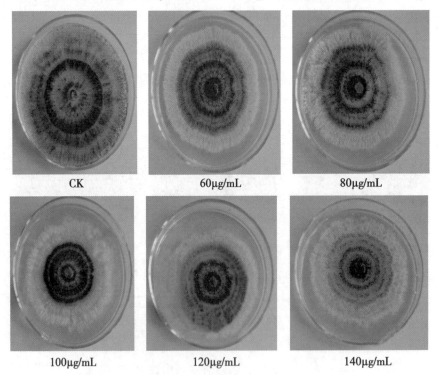

CK   60μg/mL   80μg/mL

100μg/mL   120μg/mL   140μg/mL

图 4　黏绿木霉（*Trichoderma virens*）对克露的抗药性

2. 棘孢木霉（*Trichoderma asperellum*）的抗药性（图 5~8）

从表 2 可以看出，棘孢木霉对 7 种药剂的抗性程度为：克露>烯酰吗啉>克得灵>异菌脲>多抗霉素>多菌灵>乙霉威。其中，对取代脲类内吸性杀菌剂克露的抗药性最强，EC_{50} 为 1.652μg/mL，EC_{90} 为 5.774μg/mL；其次为烯酰吗啉，其 EC_{50} 为 1.089μg/mL，EC_{90} 为 1.289μg/mL；再次为克得灵，EC_{50} 为 1.051μg/mL，EC_{90} 为 1.113μg/mL；对乙霉威和多菌灵敏感，其 EC_{50} 分别为 1.027μg/mL 和 1.041μg/mL，EC_{90} 分别为 1.130μg/mL 和 1.080μg/mL。

表 2　棘孢木霉（*Trichoderma asperellum*）对杀菌剂的抗药性

杀菌剂	回归方程	相关系数 R^2	EC_{50}（μg/mL）	EC_{90}（μg/mL）
多抗霉素	y=2.1306x+0.7393	0.9551	1.047	1.093
多菌灵	Y=2.3077x+1.2297	0.9962	1.041	1.080
克得灵	Y=1.5801x+1.624	0.9289	1.051	1.113
克露	Y=0.0736x+3.3954	0.9913	1.652	5.774
乙霉威	Y=0.9645x+3.8665	0.9922	1.027	1.130
异菌脲	Y=3.2282x−1.5765	0.8818	1.048	1.078
烯酰吗啉	Y=0.5484x+2.9531	0.9679	1.089	1.289

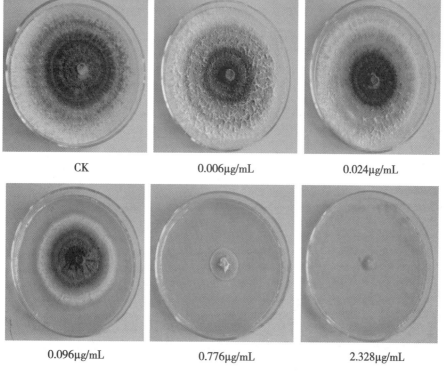

图 5　棘孢木霉（*Trichoderma asperellum*）对乙霉威的抗药性

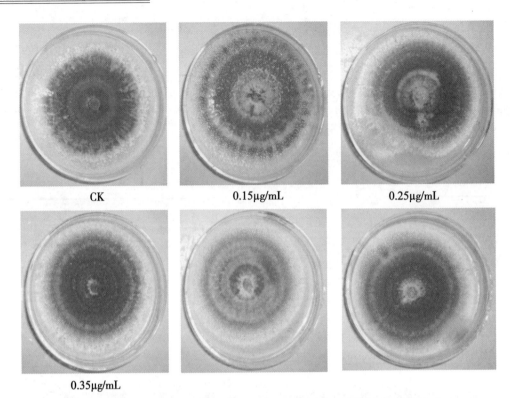

图 6　棘孢木霉（*Trichoderma asperellum*）对异菌脲的抗药性

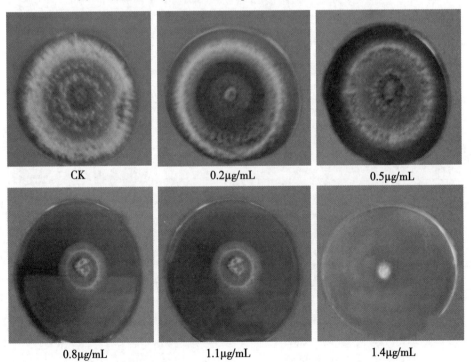

图 7　棘孢木霉（*Trichoderma asperellum*）对烯酰吗啉的抗药性

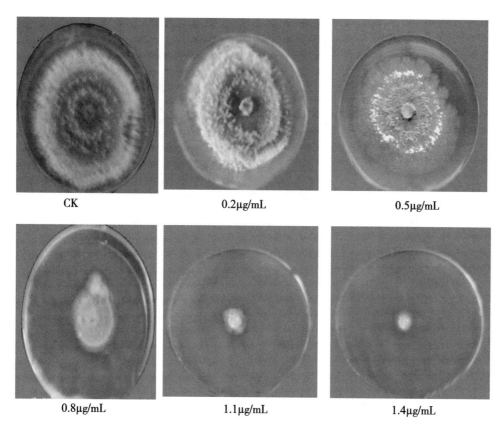

CK	0.2μg/mL	0.5μg/mL
0.8μg/mL	1.1μg/mL	1.4μg/mL

图8　棘孢木霉（*Trichoderma asperellum*）对多菌灵的抗药性

3. 哈茨木霉（*Trichoderma harzianum*）的抗药性（表3）

表3　哈茨木霉（*Trichoderma harzianum*）对杀菌剂的抗药性

杀菌剂	回归方程	相关系数 R^2	EC_{50} （μg/mL）	EC_{90} （μg/mL）
多抗霉素	$y = 0.675x + 4.0779$	0.9731	1.032	1.183
多菌灵	$y = 2.5167x + 0.1796$	0.9884	1.045	1.084
克得灵	$y = 2.0967x + 0.4304$	0.9322	1.051	1.098
克露	$y = 0.1695x + 3.3954$	0.9913	1.244	2.141
乙霉威	$y = 1.2421x + 3.0756$	0.9706	1.036	1.116
异菌脲	$y = 1.6511x + 0.4421$	0.9921	1.158	1.127
烯酰吗啉	$y = 0.7149x + 1.8706$	0.9231	1.106	1.258

（五）结论

试验结果表明，3 种木霉菌均对克露、异菌脲、烯酰吗啉抗性较强（图9~12），所以

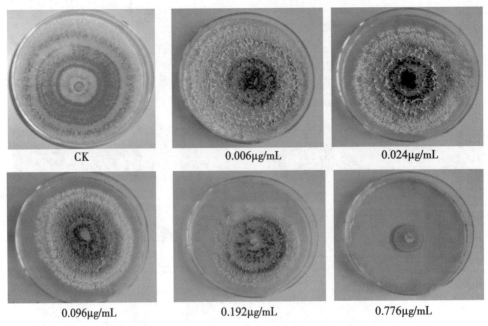

CK   0.006μg/mL   0.024μg/mL

0.096μg/mL   0.192μg/mL   0.776μg/mL

图9　哈茨木霉（*Trichoderma harzianum*）对乙霉威的抗药性

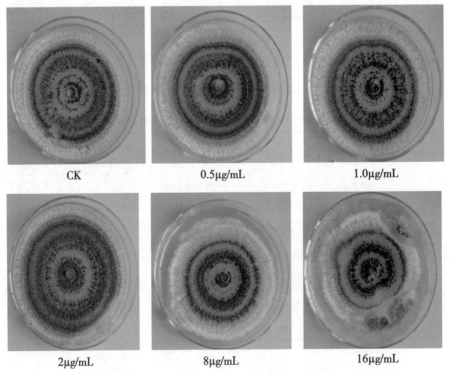

CK   0.5μg/mL   1.0μg/mL

2μg/mL   8μg/mL   16μg/mL

图10　哈茨木霉（*Trichoderma harzianum*）对烯酰吗啉的抗药性

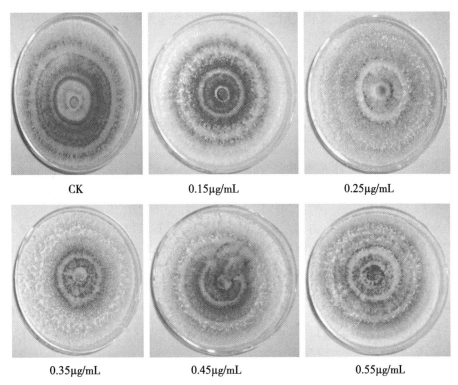

图 11　哈茨木霉（*Trichoderma harzianum*）对异菌脲的抗药性

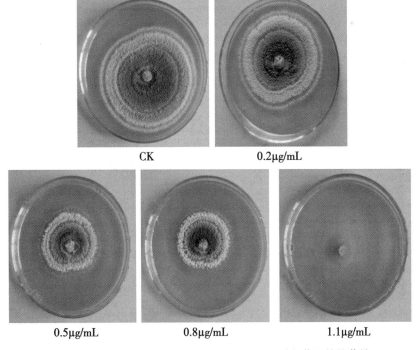

图 12　哈茨木霉（*Trichoderma harzianum*）对多菌灵的抗药性

今后可以将木霉与这几种杀菌剂混用，一方面可以扩大木霉菌的防治范围，另一方面可以延缓病原菌抗药性的产生。

虽然自 1932 年 Weindring 发现木霉菌对病原菌具有拮抗作用以来，木霉制剂逐渐向商品化转化，如美国的 *Topshield*、以色列的 *Trichodex*，浙江大学的木霉菌酯素、山东省科学院的特立克等具有良好的发展前景，但多数木霉菌菌株存在着定殖能力差、抗逆能力不强、防效不稳定等弊端，使木霉菌生物农药的田间应用受到了很大限制，因此利用基因工程进行木霉菌菌株的改造或将木霉菌与内生细菌、化学农药、微量元素、植物激素等因子进行复配制是加强木霉菌田间应用的研究。

多菌灵属于苯并咪唑类杀菌剂，主要用于多种真菌引起的病害如枯萎病、褐斑病、叶斑病、叶枯病、白粉病、灰霉病、黑斑病、白锈病等。3 种木霉菌对多菌灵非常敏感，这一结果与陈方新研究的哈茨木霉对多菌灵十分敏感的报道一致。

克露是由霜脲氰和代森锰锌复配而成的取代脲类内吸性杀菌剂，主要对疫霉属、霜霉属和单轴霉属有效；本实验中 3 种木霉对克露的抗药性程度有一定的差异，其中棘孢木霉对克露的抗药性最强，其 EC_{50} 值为 $1.652\mu g/mL$；其次是哈茨木霉，其 EC_{50} 值为 $1.244\mu g/mL$；黏绿木霉较其他两种木霉而言，对克露的抗药性较差，其 EC_{50} 值为 $1.088\mu g/mL$；因此在进行植物病害控制时，可以将克露与木霉菌制剂相结合进行综合防治，从而提高木霉菌的生物防治效果。

烯酰吗啉属于肉桂酸类内吸性杀菌剂，主要防治疫霉属、霜霉属等病原菌，由实验得出：3 种木霉菌对其的抗药性一致，抗药性都比较强。因此在进行植物病害控制时，可以将烯酰吗啉与木霉菌制剂相结合进行综合防治，达到生物防治的最佳防治效果。

乙霉威是氨基甲酸酯类内吸性杀菌剂，主要防治灰霉病、叶霉病等病害。实验得出木霉菌对乙霉威比较敏感，但是在浓度为 $0.006\sim0.192\mu g/mL$ 木霉对其抗性较强，当浓度上升到 $0.776\mu g/mL$ 时，木霉明显受到抑制，故可得出：当浓度在 $0.192\mu g/mL$ 以下时，木霉菌对乙霉威抗性较强，在实践应用中乙霉威在这一浓度梯度范围内和木霉菌混合使用会有较好的防效。

多抗霉素是一种抗生素类内吸性杀菌剂，主要防治细菌性病害及叶斑病等真菌性病害。不同种类的木霉对多抗霉素的抗药性程度有一定差异，以黏绿木霉对多抗霉素的抗性最强，黏绿木霉的 EC_{50} 值为 $1.257\mu g/mL$，哈茨木霉对其的 EC_{50} 值为 $1.032\mu g/mL$，棘孢木霉的 EC_{50} 值为 $1.047\mu g/mL$。

异菌脲是一种非内吸性的杀菌剂，黏绿木霉对其抗性较其他两种木霉强，黏绿木霉对异菌脲的 EC_{50} 值为 $1.811\mu g/mL$，EC_{90} 值为 $3.307\mu g/mL$；而棘孢木霉对异菌脲的 EC_{50} 值为 $1.048\mu g/mL$，EC_{90} 值为 $1.078\mu g/mL$；哈茨木霉对异菌脲的 EC_{50} 值为 $1.158\mu g/mL$，EC_{90} 值为 $1.027\mu g/mL$。

克得灵是苯并咪唑类的甲基硫菌灵和氨基甲酸酯类的乙霉威复配的一种杀菌剂，主要防治蔬菜灰霉病、叶斑病、叶霉病等病害。黏绿木霉对克得灵的抗药性的 EC_{50} 值为 $1.042\mu g/mL$，EC_{90} 值为 $1.109\mu g/mL$；棘孢木霉对克得灵的 EC_{50} 值为 $1.051\mu g/mL$，EC_{90} 值为 $1.113\mu g/mL$；哈茨木霉对克得灵的 EC_{50} 值为 $1.051\mu g/mL$，EC_{90} 值为 $1.098\mu g/mL$；

一般来说，野生木霉菌株对杀菌剂比较敏感，目前提高木霉菌的抗药性的手段主要有紫外诱变和药物诱导。据报道经过诱变后的哈茨木霉菌株比未经诱变的哈茨木霉菌株耐药性提高了 2 个梯度。当多菌灵浓度为 300μg/mL 时，对突变菌株 T24-4 和 T24-6 的抑制率分别为 9.4% 和 3.0%，同时两突变菌株对速克灵和甲基托布津也有交互抗性[5]。用亚硝基胍和紫外诱变后 4 个菌株能在 4μg/mL 的含药培养基上生长的 Tj-5-4 木霉菌株能在 6μg/L 上生长。

【问题】

1. 木霉菌有哪些作用？可以制成什么样的产品对农业生产起作用？

2. 抗药性产生的原因是什么？什么措施可以延缓病原菌或害虫抗药性的发展？

三、补充材料

（一）木霉菌的种类与生物学特征

木霉属于半知菌门，丝孢目，木霉属，常见的木霉有绿色木霉、康宁木霉、棘孢木霉、深绿木霉、哈茨木霉、长枝木霉等。文成敬（1993）对中国西南地区木霉属进行了分类研究，鉴定出 9 个木霉集合种。王家和（1998）、章初龙（2005）、孙军（2006）等分别对我国河北、浙江、云南、西藏自治区、辽宁等林区保护地和牧区的木霉菌进行了形态学鉴定，报道了 5 个中国新记录种，并描述了中国新记录种：棘孢木霉、淡黄木霉、茸状木霉、螺旋木霉（*T. spirale*）和长孢木霉的具体特征。贾东晨（2009）报道了 1 个中国新记录种：短致木霉（*T. brevicompactum*）。YU（2007）报道了 2 个新种：*T. yunnanense* 和 *T. compactum*。目前正式发表的中国木霉菌主要有拟康木霉、长枝木霉、黏绿木霉、卷曲木霉、顶孢木霉、粗壮木霉、长孢木霉、钩状木霉、绿色木霉、康氏木霉、深绿木霉、黄绿木霉、中国木霉、棘孢木霉、淡黄木霉、茸状木霉、螺旋木霉、哈茨木霉、桔绿木霉、短致木霉（*Trichoderma brevicompactum*）、*T. yunnanense* 和 *T. compactum* 22 个种。因此，以下 33 个木霉种及其相对应的 10 个肉座菌主要是利用形态学特征鉴定出来的，分别是 *T. virens*、*T. viridescens*、*T. tomentosum*、*T. spirale*、*T. strictipile*、*T. strigosum*、*T. stromaticum*、*T. pubescens*、*T. polysporum*、*T. ovalisporum*、*T. oblongisporum*、*T. minutisporum*、*T. pseudokoningii*、*T. saturnisporum*、*T. longibrachiatum*、*T. citrinoviride*、*T. reesei*、*T. koningiopsis*、*T. koningii*、*T. fertile*、*T. gamsii*、*T. ghanense*、*T. hamatum*、*T. harzianum*、*T. fasciculatum*、*T. erinaceum*、*T. crassum*、*T. brevicompactum*、*T. surrotunda*、*T. aggressivum*、*T. arundinaceum*、*T. asperellum*、*T. atroviride*、*H. stilbohypoxyli*、*H. semiorbis*、*H. patella*、*H. nigrovirens*、*H. neorufa*、*H. andinensis*、*H. ceramica*、*H. cremea*、*H. cuneispora* 和 *H. estonica*。

木霉菌落开始时为白色，致密，圆形，向四周扩展，后从菌落中央产生绿色孢子，中央变成绿色。菌落周围有白色菌丝的生长带。最后整个菌落全部变成绿色。绿色木霉菌丝白色，纤细，宽度为 1.5~2.4μm。产生分生孢子。分生孢子梗垂直对称分歧，分生孢子单生或簇生，圆形，绿色。绿色木霉菌落外观深绿或蓝绿色；康氏木霉菌落外观浅绿、黄绿或绿色。

绿色木霉分生孢子梗有隔膜，垂直对生分枝；产孢瓶体端部尖削，微弯，尖端生分生孢子团，含孢子4~12个；分生孢子无色，球形至卵形，(2.5~4.5) μm×(2~4) μm。

绿色木霉适应性很强，孢子在PDA培养基平板上24℃时萌发，菌落迅速扩展。培养2天，菌落直径为3.5~5.0cm；培养3天，菌落直径为7.3~8.0cm；培养4天，菌落直径为8.1~9.0cm。

通常菌落扩展很快，特别在高温高湿条件下几天内木霉菌落可遍布整个料面。菌丝生长温度4~42℃，25~30℃生长最快，孢子萌发温度10~35℃，15~30℃萌发率最高，25~27℃菌落由白变绿只需4~5天，高温对菌丝生长和萌发有利。孢子萌发要求相对湿度95%以上，但在干燥环境也能生长，菌丝生长pH值为3.5~5.8，在pH值4~5条件下生长最快。

（二）木霉的作用

1. 生物农药和生物菌肥的研究

自1932年Weindring发现木霉菌对病原菌具有拮抗作用以来，哈茨木霉（*T. harizanum*）、康宁木霉（*T. koningii*）、钩状木霉（*T. hamatum*）、绿色木霉（*T. viride*）、长枝木霉（*T. longbrangchiatum*）、黏绿木霉（*T. virens*）就被广泛进行了拮抗作用、机制和防治效果的研究，木霉菌在植病生防中的应用潜力正日益受到重视，当前报道较多的是用于防治蔬菜枯萎病、纹枯病、菌核病、疫病和白绢病等土传病害和番茄叶霉病、灰霉病、白粉病、霜霉病等叶病病害，取得了良好的防治效果。同时，研究认为竞争作用（营养竞争和空间竞争）、溶菌作用、重寄生作用、促生作用、诱导抗性作用、抗生作用和产生 β-1,3 葡聚糖酶和几丁质酶等降解酶是其对病原真菌表现抑制作用的主要机制，因此在理论研究的推动下，许多木霉菌制剂开始商品化，如美国的Topshield（哈茨木霉菌T-22菌株）、以色列的Trichodex（哈茨木霉菌T39菌株），浙江大学从紫杉木霉菌菌株中分离到的"木霉菌酯素"经室内生物测定、温室田间药效试验和急性毒性试验，表明其为对立枯丝核菌、灰霉菌具有较强抑制作用的新结构化合物。山东省科学院制成的木霉菌素（特立克）绿色木霉菌的孢子制剂可有效防治20多种真菌病害如蔬菜灰霉病、霜霉病、白粉病、黑星病、小麦的全蚀病、纹枯病及多种作物的苗期病害，具有良好的发展前景。

2. 产酶特性

木霉具有较强分解纤维素能力，绿色木霉通常能够产生高度活性的纤维素酶，对纤维素的分解能力很强。在木质素、纤维素丰富的基质上生长快，传播蔓延迅速。棉籽壳。木屑、段木都是其良好的营养物。一般情况下，从热带地区分离到的菌株具有更强的产生纤维素酶的能力。具有了高产量的菌株后，继而对木霉菌生长所需的碳源、氮源、C/N比、氧气和二氧化碳、矿质元素和维生素等营养及温度、湿度、pH和外部因素深入进行了室内平板和摇瓶发酵研究，为了得到大量的木霉菌产量和产物，人们转而寻求廉价而高产的木霉菌发酵培养基和进行木霉菌工程改造。Papavizas和Dunn（1985）等应用糖蜜-酵母粉培养基模拟工业化生产条件研究木霉菌在20L发酵罐中的生长情况，发现采用这种培养基可以获得比较理想的结果，孢子含量可达10^9个/g干重。Jackson和Whipps（1979）等研究发现在葡萄糖-丙氨酸基础培养基上产生的菌丝干重比在糖蜜-酵母培养基上产生的高。Lewis 和 Papavizas（1990）等研究发现糖蜜-玉米浆培养基在支持木霉菌的生长与产孢方面优于蔗糖-硝酸培养基和葡萄糖-酒石酸培养基。汪天虹（2005）综述了国内外对瑞氏木霉菌进行纤维素酶基因的克隆、表达和调控。国内近年也在不断地进行研究木霉菌发酵条件，陈卫辉等（1998）应用虫草头孢废液组合培养液浅层培养哈茨木霉菌，其产孢量比 PD 培养液、查氏培养液和理查德培养液都高。邓毛程（2004）等则采用深层发酵分段控制 pH 值、温度和溶解氧来提高绿色木霉菌产生纤维酶和几丁质酶发酵条件，酶活性 72h 时分别能达到 67U/mL 和 375U/mL。惠有为（2004）等认为麸皮、苹果渣及无机盐固料发酵是生产低温木霉菌的快速、高效和实用的方法。此外，张德强（2001）、崔锦绵（1995）、瞿明仁（1999）、陈侠甫（1994）、姜秋会（2004）和于晓丹（2005）等分别对不同种类木霉菌的产酶条件进行了不同程度的研究。

3. 解磷解钾作用

1999 年 Altomare 等用哈茨木霉 T22 来溶解可溶性和微溶性磷矿物质的研究，发现 T22 能在液体蔗糖酵母培养基中溶解磷酸盐和 MnO_2。其主要机理是通过整合或降解作用来溶解金属氧化物，促进植物对矿物质的吸收，提高植物的生长量。Rudresh 等（2005）用 9 株木霉菌进行了难溶性磷酸三钙的溶解作用的研究，表明 9 株木霉菌都可以在一定程度上溶解难溶性磷酸三钙，其中绿色木霉菌的溶磷量达到 9.03μg/mL。同时盆栽实验发现接种木霉菌的比 CK 生物量增加明显。菅丽萍（2007）测定了木霉菌 REMI 转化子对磷酯氢钙、磷酸铝和磷酸铁的溶解能力，表明 TK－46 对磷酸氢钙的溶磷能力最强，达到 363.79μg/mL。于雪云（2008）通过固体培养法检测了木霉菌解磷、解钾、固氮能力发现，244 株木霉菌中有 74 株具有明显解磷圈，且发现拮抗效果较好的 19 株解磷圈较大。

4. 对土壤和环境的修复作用

木霉菌对有机磷农药也能降解，DDT、艾氏剂、狄氏剂、马拉硫磷、敌敌畏、草乃敌、西马津、茅草枯、五氯硝基苯、对硫磷、毒死蜱、甲胺磷等农药。木霉菌对农药的降解主要有 3 种方式：一是以化学农药为生物基质，在农药分解代谢过程中获得其生长代谢所必需的能量和营养物质；二是共代谢，即微生物在有可利用的碳源存在时，对不能利用的物质也可分解代谢；三是种间协同代谢，即同一环境中的几种微生物联合代谢某种农药的现象。刘新等（2002）在研究木霉菌 Y 对毒死蜱和甲胺磷的降解作用中发现木霉菌 Y 以共代谢的方式降解毒死蜱和甲胺磷。

四、参考文献

陈方新，齐永霞，戴庆怀，等.2005.哈茨木霉对几种植物病原菌的拮抗作用及其抗药性测定 [J].中国农学通报，21（11）：314-317.

郭润芳，史宝胜，高宝嘉，等.2001.木霉菌在植病生物防治中的应用 [J].河北林果研究，16（3）：294-298.

林纬，黎起秦，彭好文，等.2002.拮抗菌防治西瓜枯萎病的试验 [C].新世纪全国绿色环保农药技术论坛暨产品展示会论文集.

田连生, 李贵香, 高玉爽 . 2006. 紫外光诱导木霉产生对速克灵抗药性菌株的研究 [J]. 中国植保导刊, 26 (6): 18-20.

王进忠, 郝立东, 尚巧霞, 等 . 2005. 6 种常用杀菌剂对木霉菌生长发育的影响 [J]. 中国农学通报, 21 (6): 308-311.

赵国其, 林福呈, 陈卫良, 等 . 1998. 绿色木霉对西瓜枯萎病苗期的控制作用 [J]. 浙江农业学报, 10 (4): 206-209.

朱双杰, 高智谋 . 2006. 木霉对植物的促生作用及其机制 [J]. 菌物研究, 4 (3): 107-111.

庄敬华, 高增贵 . 2005. 绿色木霉菌 T23 对黄瓜枯萎病防治效果及其几种防御酶活性影响 [J]. 植物病理学报, 35 (2): 179-183.

庄敬华, 刘王付 . 2005. 木霉菌多功能生防菌剂对瓜类枯萎病的防治效果 [J]. 北方园艺 (5): 90-91.

Weiding R. 1932. Studies on lethal principle effective in the parasitic action of *Trichoderma harzianum* on *Rhizoclonia solani* and other soil fungi [J]. Phytopathology, 22: 837-845.

案例七　番茄灰霉病拮抗木霉的筛选及拮抗机制的测定

一、案例材料

木霉（*Trichoderma*）是自然界中普遍存在的拮抗微生物，它通过重寄生、竞争、抗生等一系列拮抗作用能有效抑制许多病原菌的活动和生长，对多种真菌性病害有明显的生防效果。目前木霉已广泛用于多种植物真菌病害的防治，特别是对立枯丝核菌（*Rhizoctonia solani*）、镰孢菌（*Fusarium*）、齐整小核菌（*Sclerotium rolfsli*）、疫霉菌（*Phytophthora* spp.）、腐霉菌（*Pythium* spp.）、链格孢菌（*Alternaria alternata*）等引起的土传病害具有较好的防治效果。

番茄是当今保护地生产的主要蔬菜作物，由于北方早春低温高湿的特殊环境，灰霉病（*Botrytis cinerea*）发生严重。目前，化学药剂防治仍然是控制该病的主要措施，但由于长期用药，病原菌逐渐产生抗性，防治效果日益降低。农民用药次数和剂量逐步增加，在果实和土壤中农药残留蓄积量也逐渐增加，这对人体健康和生态环境构成了极大危害。研制药效持久，且对人体和生态环境无害的生防菌剂替代化学农药成为我国乃至世界范围内的发展方向，通过筛选和利用抗灰霉病菌（*B. cinerea*）的有益微生物及其代谢产物的生物防治方法，正日益成为灰霉病控制的一条重要而有效的途径。因此本文对从蔬菜保护地土壤中分离得到的木霉菌（*Trichoderma*）株进行了对番茄灰霉病（*B. cinerea*）的生防作用研究，同时对木霉（*Trichoderma*）的拮抗机制进行了分析，以期望筛选出生产上具有应用潜力的有效拮抗菌株。

二、案例分析

（一）病原菌

番茄灰霉病菌（*Botrytis cinerea*）。

（二）木霉菌株

从河北省不同地区蔬菜保护地蔬菜根际土壤中分离后经形态学鉴定为不同种类的木霉，分别有长枝木霉（*Trichoderma longibrachiatum*）、哈茨木霉（*Trichoderma harzianum*）、T8-5（*Trichoderm helicum*）、黄褐木霉（*Trichoderma aureoviride*）、非钩木霉（*Trichoderma inhuma-*

tum）、顶孢木霉（*Trichoderma fertile*）、桔绿木霉（*Trichoderma citrinoviride*）、黏绿木霉（*Trichoderma virens*）、深绿木霉（*Trichoderma atroviride*）、绿色木霉（*Trichoderma viride*）、棘孢木霉（*Trichoderma asperellum*）和一个未知木霉 T18-8 菌株，共 12 种木霉菌株。

（三）平板对峙培养

将番茄灰霉病菌（*B. cinerea*）和长枝木霉（*T. longibrachiatum*）、哈茨木霉（*T. harzianum*）、T8-5（*T. helicum*）、黄褐木霉（*Trichoerma aureoviride*）、非钩木霉（*T. inhumatum*）、顶孢木霉（*T. fertile*）、桔绿木霉（*T. citrinoviride*）、黏绿木霉（*T. virens*）、深绿木霉（*T. atroviride*）、绿色木霉（*T. viride*）、棘孢木霉（*T. asperellum*）和 T18-8（*T.* spp.）同时分别接种到 PDA 平板活化，备用。

采用方中达的平板对峙法，将培养 3 天后已在平板上形成一定大小的菌落的木霉和病菌菌落用直径 5mm 的打孔器取新鲜木霉和病原菌的菌丝块，将木霉与病原菌分别同时接入 PDA 平板相对的两侧中央倒置，两者相距 3cm，分别以病原菌和木霉在 PDA 上的纯培养为对照，做好标记后放在 25℃恒温培养箱内培养，每隔 12h 观察两者的生长情况同时测量菌落直径或半径。当两菌落接触相交后，观察记载木霉对病原菌的抑制、包围、侵入并占领病原菌营养空间的过程。每个木霉菌株和每个病菌按照以上方法都两两做好对峙和对照。每种 3 次重复，计算抑菌率。

$$抑菌率（\%）=（R—R_{ck}）/R×100$$

其中：R：对照组中接种的菌落平均生长半径（cm）；

R_{ck}：对峙组中接种的菌落平均生长半径（cm）。

（四）木霉拮抗机制的测定

在对峙培养试验中，当两菌落的交接处形成对峙界面时，观察两者的生长情况及有无抑制带等。挑取交接面处的菌丝做玻片，在光学显微镜下观察菌落接触界面菌丝的形态及拮抗作用。将观察到的具有拮抗作用的画面拍下记录编号。

（五）结果与分析

1. 木霉菌（*Trichoderma*）对灰霉病菌（*B. cinerea*）菌丝生长的影响（表 1）

表 1　木霉菌（*Trichoderma*）对番茄灰霉病菌（*B. cinerea*）抑菌率

木霉菌株编号	抑菌率（%）				
	24h	36h	48h	60h	72h
顶孢木霉（*T. fertile*）	6.09	6.33	17.19	27.68	43.97
哈茨木霉（*T. harzianum*）	3.32	8.34	33.23	53.17	67.16
非钩木霉（*T. inhumatum*）	-9.71	3.81	11.67	49.72	41.22
T18-8（*T.* spp.）	-3.54	10.92	28.77	32.47	56
桔绿木霉（*T. citrinoviride*）	-26.09	20.53	36.29	38.04	57.78

（续表）

木霉菌株编号	抑菌率（%）				
	24h	36h	48h	60h	72h
棘孢木霉（*T. asperellum*）	8.11	47.14	53.37	61.67	64.35
黄褐木霉（*T. aureoviride*）	12.64	36.87	58.16	49.43	42.33
黏绿木霉（*T. virens*）	8.12	10.97	31.38	46.51	66.17
T8-5（*T. helicum*）	24.97	43.31	51.7	54.44	60.21
绿色木霉（*T. viride*）	5.82	13.73	43.03	50.38	77.65
长枝木霉（*T. longibrachiatum*）	8.67	15.4	30.7	32.63	27.33
深绿木霉（*T. atroviride*）	-2.31	8.78	47.51	50.43	62.12

对峙培养48h后，大部分对峙培养的两个菌落已相互接触，各病菌接触面的生长均受到明显抑制。对峙培养72h后再次测量病菌生长量时，有的木霉菌菌落将病菌菌落完全覆盖，部分没有覆盖而是抑制其生长。经过对峙培养测定，12种木霉对番茄灰霉病病原菌均有一定的抑制作用，但抑菌强度存在较大的差异。

经观察测定，木霉菌（*Trichoderma*）在对峙接种后的24h、36h、48h、72h均对灰霉病菌（*B. cinerea*）有不同的抑制效果，而随着时间的延长抑菌率越来越大，表明生长时间越长则木霉的生长力越旺盛，对灰霉病菌（*B. cinerea*）的抑制效果就越好，大部分在72h达最大，即在72h时木霉对灰霉病菌的生长达到最好的抑制效果（表1、图1）。木霉抑制效果从强到弱依次是：绿色木霉（*T. viride*）、哈茨木霉（*T. harzianum*）、黏绿木霉（*T. virens*）、棘孢木霉（*T. asperellum*）、深绿木霉（*T. atroviride*）、T8-5（*T. helicum*）、桔绿木霉（*T. citrinoviride*）、T18-8（*T. spp.*）、顶孢木霉（*T. fertile*）、黄褐木霉（*T. aureoviride*）、非钩木霉（*T. inhumatum*）、长枝木霉（*T. longibrachiatum*）。

2. 木霉菌拮抗机制的测定

在对峙培养过程中，12种木霉对番茄灰霉病菌都有一定的抑制作用，其抑制强度有所不同。木霉和病原菌开始在各自一侧的PDA培养基上生长，病原菌明显受到抑制，随着时间的延长，木霉菌逐渐包围或覆盖病菌菌落，在光学显微镜下病菌的主要表现为断裂、扭曲、浓缩、穿孔、缠绕等。

（1）竞争作用。当木霉菌与番茄灰霉病菌同在一平皿培养基时，木霉迅速生长，占据了绝大多数培养基表面，并能在长有灰霉病菌菌落上继续生长，覆盖整个菌落，番茄灰霉病菌被木霉争夺生活空间，病菌菌丝生长受到限制（图1至图10）

（2）重寄生作用。从培养3天后的病菌和木霉菌交接面处取样，在显微镜下观察发现：番茄灰霉病菌菌丝被木霉菌菌丝缠绕，并且木霉菌丝寄生于灰霉病菌，穿透灰霉病菌菌丝，使其营养散失（图11）。这结果和Weidling（1932）曾在光学显微镜下观察到的现象有所相同。Weidling通过显微观察发现，木霉菌可用其菌丝缠绕病原菌的菌丝壁，并使病菌的细胞质浓缩或变稀薄而不能正常生长，产生分枝吸附于病原菌菌丝上，侵入和穿透，并通过酶的作用分解菌丝细胞壁，使之消解或从菌丝隔膜处断裂。本试验中观察到灰

图 1　　T21 对番茄灰霉菌的抑制作用

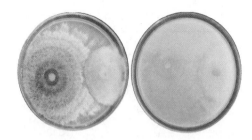

图 2　　Chang-4-7 对番茄灰霉菌的抑制作用

图 3　　Lang-1-2 对番茄灰霉菌的抑制作用

图 4　　Fu-7-5 对番茄灰霉菌的抑制作用

图 5　　Bao-16-7 对番茄灰霉菌的抑制作用

图 6　　Tang-8-1 对番茄灰霉菌的抑制作用

图 7　　18-8 对番茄灰霉菌的抑制作用

图 8　　Heng-3-4 对番茄灰霉菌的抑制作用

图 9　　Lang-11-2 对番茄灰霉菌的抑制作用

图 10　　Shi-1-10 对番茄灰霉菌的抑制作用

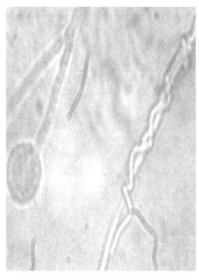

图 11　木霉对灰葡萄孢的重寄生作用

霉病菌菌丝和木霉菌丝在对峙培养中交接面有交叉生长，病菌菌丝受到明显限制。

（3）抗生作用。从对峙培养的交接处挑取菌丝显微观察：木霉与番茄灰霉病菌均能够形成明显的抑菌带，但抑菌带的宽度不同。其中非钩木霉与灰霉病菌的空白带最大，T8-5（*T. helicum*）与灰霉病菌的空白带最小，通过显微观察得知病原菌菌丝被木霉菌丝重寄生或吸取菌丝营养后，出现菌丝消解、断裂现象（图12），病菌菌丝细胞质消解或使菌丝原生质凝结，并逐渐腐烂、失活、解体，有时还发生自溶或外溶现象，使细胞内物质外渗，菌丝断裂解体（图13）。这表明木霉菌在代谢过程中可以产生抗生物质，而使灰霉病菌出现断裂、原生质浓缩和凝结等现象，致使灰霉病停止生长。于新等[7]研究发现木霉能产生多种降解细胞壁的胞外酶（如几丁质酶和 β-1,3-葡聚糖酶）对病菌菌丝的生长和孢子萌发有较强的抑制作用，致使病菌菌丝停止生长，或由于木霉能产生胶霉毒素或抗生物质而起抑制作用。许多木霉菌株产生挥发性或非挥发性的抗菌素类物质，主要有木霉素、胶霉素、绿木霉素等，这些代谢物可以破坏菌丝细胞壁。

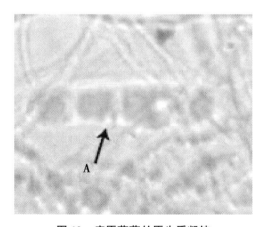

图 12　病原菌菌丝原生质凝结

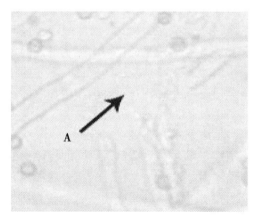

图 13　病菌菌丝断裂解体

含 TRS060186 和 TRW079634 分泌物的培养基对番茄灰霉病菌孢子萌发有很强的抑制作用，抑制率分别为 75.89% 和 73.71%（表2）。说明木霉菌 TRS060186 和 TRW079634 均能分泌出某种物质，这种物质能通过抑制番茄灰霉病菌孢子的萌发从而达到降低病害发生的目的。

表 2　木霉菌分泌物对病菌孢子萌发的影响

处理 treatment	孢子萌发率（%） spore germination rate	抑制率（%） inhabitation rate
棘孢木霉	18.90	75.89
哈茨木霉	20.61	73.71
对照	78.40	

（4）溶菌作用。发现番茄灰霉病菌菌丝出现了内生物质消失，只剩下菌丝外壁。近几年，关于木霉的生防机制又有了新发现，就是有生防作用的木霉能产生一些蛋白质酶类（如：几丁质酶、葡聚糖酶、蛋白酶）可抑制病原菌的生长。这些酶的主要功能是消化真菌细胞壁，即破坏细胞壁的组成成分：多糖、几丁质、β-聚糖。在本试验中木霉产生溶菌作用，木霉菌有时不与灰霉病菌菌丝有直接接触，同样可以引起它们的解体，最终消失，这可能与木霉菌产生的某些物质有关。通过酶的作用，使真菌细胞壁遭到破坏继而引起原生质体解体。据报道，康宁木霉可抑制洋葱根部的白腐小核菌，并发现木霉的菌丝伸入洋葱根部的表皮及皮层后破坏内部病原菌的菌丝体但对植物组织无害，其原因是康宁木霉产生了内、外几丁质酶等破坏了哈茨木霉的几丁质酶基因的活性。

（六）结论

12 种木霉菌株对番茄灰霉病菌均具有较明显的拮抗作用，但不同木霉菌种之间抑菌效果存在差异，其中绿色木霉（T. viride）的抑制效果极显著高于其他菌株，抑菌率高达77.65%；而哈茨木霉 T. harzianum）、棘孢木霉（T. asperellum）、黏绿木霉（T. virens）、深绿木霉（T. atroviride）的拮抗作用也有较好的抑制效果，且抑制率均在 66.12% 以上，这 5 种木霉菌均是通过初次筛选得到的较好的拮抗菌株，且对灰霉病菌有不同拮抗机制。

木霉菌对番茄灰霉病菌具有不同的拮抗机制，木霉菌株的拮抗机制表现为 4 种，即竞争作用、抗生作用、重寄生作用和溶菌作用，而且一种木霉菌株对灰霉病菌的拮抗机制不是一种，有时可达 3 种甚至更多。赵蕾等[9]在实验室已经筛选到若干木霉菌，其对植物病原菌的拮抗作用是多机制性的，一般认为有 3 种：竞争作用、产生抗菌素类物质及重寄生作用。这说明，木霉菌对不同的病原菌的拮抗作用有不同的拮抗机制，但是大部分均属于竞争作用、重寄生作用，只是表现形式有所不同。木霉菌对气传病菌的防治确实具有持续效果。根据已有的研究还发现，在播种之前用木霉菌处理土壤或在发病前喷施孢子悬浮液，有利于木霉菌定殖并在病害发生之前成为植物根际或叶面的优势种群，防治效果更好。

【问题】

1. 木霉菌对病原菌的抑菌机理对其在作物根际定殖有何作用？

2. 诱导抗性在木霉菌抑制作用中怎样更好地发挥？

三、补充材料

木霉拮抗机制

1. 抑菌功能

木霉菌可用来防治病害或抑制病原的主要机制，其行为通常可归纳成五大类，即产生抗生素、营养竞争、微寄生、细胞壁分解酵素以及诱导植物产生抗性。一般而言，上述机制虽会因木霉菌种类或菌株的不同而出现主要功能上的差异，但病害防治的整体机制通常会涵盖一种以上。

2. 产生抗生素

木霉菌可以产生挥发性或非挥发性抑制病原菌生长的抗生物质，如黏帚毒素等。到哈氏木霉菌可产生细胞壁分解酵素及胜肽博素的抗生素，如果把这种抗生素与几丁质分解酵素结合，可抑制病原菌孢子发芽与菌丝生长。

3. 营养竞争

利用竞争能力强的微生物，消耗如铁、氮、碳、氧或其他适宜病原菌生长的微量元素，可以限制病原菌的生长、发芽或代谢。在这方面，木霉菌主要是夺取或阻断病原菌所需的养分。由于营养竞争很难用变异菌株加以证明，而且添加物质也可能会改变病害的发生，以致无法取得强而有力的证据，显示防治的机制是与竞争养分有关。目前较具明证者，仅在铁、铜等离子的竞争方面，而这又与能否产生嵌合物质等具有相关性，因为这类物质也会减少病原菌的发芽与生长。

4. 分解酵素

一般认为细胞壁分解酵素在抑制病害上扮演着重要的角色。由于几丁质与葡聚糖是真菌细胞壁的主要成分（除卵菌纲外），很多试验显示几丁质分解酵素或葡聚糖分解酵素，单独或组合使用时可直接分解真菌细胞壁。近来遗传学上也证明，缺乏几丁质分解酵素的突变菌株，其抑制病原菌孢子发芽的能力以及病害防治能力都明显降低。

试验显示，如果把几丁质分解酵素基因引入无病害防治能力的大肠杆菌菌株中，这个转殖菌株就可减少大豆白绢病的发生。同样地，把来自薛利蒂亚细菌的几丁质分解酵素引入到哈氏木霉菌菌株后，这种菌株也比原来菌株具有更强的覆盖白绢病生长的能力。最近更有很多转殖植物含有来自木霉菌的几丁质分解酵素，因而增加了它们对植物病原真菌的抗性。

5. 微寄生

以木霉菌的微寄生立枯丝核病菌为例，其过程大约可分成 4 个步骤。首先是趋化性生长，也就是木霉菌会趋向能产生化学刺激物的病原菌生长。第二个步骤是辨识，这个步骤和病原菌含有的聚血素及拮抗菌表面拥有的碳水化合物接收器有关，这类物质左右了病原菌与拮抗微生物之间作用的专一性。第三个步骤是接触与细胞壁分解。最后则是穿刺作用，也就是木霉菌会产生类似附着器的构造，侵入真菌细胞，进而分解与利用病原菌细胞内物质。

6. 产生抗性

植物的系统性诱导抗病现象，是指植物经第一次接种原或非生物因子刺激后，产生对第二次接种原的抗性。这种抗性的发展，可导致植株对多种病原的感染都会有抵抗性，而非仅限于对原先的诱导病原。目前已有报告显示，植物经木霉菌处理后，可诱导产生特别的酶素等物质，进而对叶部病害或病毒病害产生抗性。

四、参考文献

方中达. 1998. 植病研究方法 [M]. 第三版. 北京：中国农业出版社.

郭润芳，刘晓光，高克祥. 2002. 拮抗木霉菌在生物防治中的应用与研究进展 [J]. 中国生物防治，18（4）：180-184.

宋晓妍，孙彩云，陈秀兰，等. 2006. 木霉生防作用机制的研究进展 [J]. 中国农业科技导报，8（6）：20-25.

孙军德，刘灵芝，王辉，等. 2005. 番茄灰霉病菌生物防治菌的筛选试验 [J]. 沈阳农业大学学报，36（5）：550-553.

王允东，唐钰朋. 2008. 木霉菌对植物病原真菌的拮抗机制 [J]. 安徽农学通报，14（9）：176-177.

王占斌，黄哲，祝长龙. 2007. 木霉拮抗菌在植物病害生物防治上的应用 [J]. 防护林科技，4（79）：104-107.

于新，田淑慧，徐文兴，等. 2005. 木霉菌生防作用的生化机制研究进展 [J]. 中山大学学报，44（2）：86-90.

张世田. 1998. 保护地蔬菜灰霉病的发生与防治 [J]. 植物保护（2）：15-16.

赵蕾，宋家华，杨合同，等. 1996. 木霉菌生物学特性及拮抗机制研究概况 [J]. 山东科学，9（2）：59-62.

朱廷恒，邢小平，孙顺娣. 2004. 木霉 T97 菌株对几种植物病原真菌的拮抗作用机制和温室防治试验 [J]. 植物保护学报，31（2）：139-143.

案例八　病害远程诊断与防治靠谱吗？

一、案例材料

1. ［农广天地］蔬菜病虫害远程诊断技术（20150128）

蔬菜病虫害远程诊断技术，就是针对大棚蔬菜的病虫害，由声、文、图、像等多媒体信息组成的远程检索和咨询的网络技术系统。这项技术应用了信息技术中的计算机网络技术、多媒体技术和通信技术，将高速网络和数据库相结合，应用于蔬菜病虫害远程咨询和诊断。

该片主要讲述了山东省寿光市蔬菜病虫害远程诊断系统概念：植保大典、远程视频服务，管理预警三大功能。以及这套系统的及时性、准确性等优点。这套系统可分为：系统网站、专家系统、客户端系统三大部分。该片最后还详细地讲述了蔬菜病虫害远程诊断技术，使用方法。

2. 兰州启动农业远程视频诊断系统

2011 年 4 月 25 日，甘肃省兰州市农委主持建设的兰州农业远程视频诊断系统正式开通，兰州市农委已建设远程视频点 40 个，期间接受农作物病害远程视频诊断 219 次，为农民挽回病虫害造成的经济损失 40 多万元。运用远程视频系统举办农业技术培训讲座等十余期，培训 600 多人次。随着推进"数字兰州"建设、提高机关效能建设的具体举措，精心布点和推进，不断地优化软硬件系统，扎实地完成每一个细节的工作。这个系统的开通代表着西北地区首家实现农民在家门口与农业专家远程交流方式的实现，为农业病虫害诊断、农业技术培训等带来创新的方式。

3. 上海验收"蔬菜主要病虫害网络化远程诊断技术"项目

2007 年 1 月 23 日记者在上海市农业科学院生态研究所看到，办公室里的电脑正忙着望闻问切，蔬菜生病了，电脑来"会诊"，帮助远在崇明的菜农杀虫治病。这就是上海市农科院和上海交通大学等共同开发的蔬菜主要病虫害网络化远程诊断技术。作为上海市重大科技攻关项目，该成果刚刚通过专家验收。

项目组长、上海市农科院生态所研究员王冬生告诉记者，蔬菜主要病虫害网络化远程诊断技术拥有两大"智囊团"——专家系统和会诊系统。这能让任何一台电脑随时变成"病虫害专家"。专家系统指蔬菜病虫害诊断决策和防治系统。普通农户只要会上网，免费注册登录"专家门诊"后，就自动进入蔬菜病虫害辅助诊断软件和图像查询系统。拉动选择框，点击虫害条目，或者上传田间灾害照片，电脑就会开出一张张"病历单"。按照上面的诊断说明，农药类别和剂量，菜农只要"对症下药"，喷洒农药既准确又节省。

目前，"专家门诊"容纳了10万条蔬菜病虫害信息，能对十字花科蔬菜、茄果类等8大类蔬菜近500种常见病害进行诊断。而且，病害库还时时更新，保证蔬菜就诊的准确率达90%以上。

4. 2016年《农资与市场》刊发了题为"病虫害互联网远程诊断是个伪命题？"的大讨论

支持病虫害远程诊断的正方首先认为远程诊断是很多人的一种期盼，农医生APP做得有模有样就是一个验证；其次，实际上对远程诊断最渴望的这些人大多数是经销商、厂家业务员等，真正的农民占比很小；第三，这些最关注远程诊断的人自身有一定农业技术经验或意识，也就是有或多或少的诊断能力，借助于远程诊断上的相关信息，或许能够对它们自己的诊断结果有所帮助。因此，远程诊断其实是经销商、业务员为主的一种参考工具。反对方则认为农户有多少需要过程诊断的病虫害？过程诊断到底有多不靠谱？症状描述不全，照片不清，更没有前因后果，让医生如何不抓狂？更别说靠图片库自动甄别。医生说不出所以然，或者说的不到位，提问者的新鲜劲一过就没有热情了。医生从哪里来？如何有积极性？各自做自己的广告，又怎么办？答案不统一如何裁决？虽然，总能找到更好的解决办法，而且别的行业也有借鉴之道，但需求不旺是根本缺陷。所以，远程诊断是个很吸引人的伪命题。

二、案例分析

2010年河北科技师范学院番茄育种基地出现了一种新病害。番茄植株感病初期主要表现为植株生长迟缓或停滞、节间变短、明显矮化，叶片变小、变厚、叶质脆硬、有褶皱、向上卷曲、变形，叶片边缘至叶脉区域黄化，以植株上部叶片症状典型，下部老叶症状不明显（图1、图2）。植株感病后期坐果很少，果实变小，膨大速度极慢，成熟期的果实不能正常转色（图3）。番茄植株感病后，尤其在开花之前感病，果实产量和商品价值均大幅下降。番茄黄化曲叶病毒（tomato yellow leaf curl virus, TYLCV）病是一种世界性病害，分布极其广泛，为害十分严重（图4）。目前已给美国、以色列、埃及、澳大利亚等国的番茄生产造成严重损失。我国广东、广西、台湾也发生了这种病害。自2005年9月以来，在江苏、南京、无锡、上海、安徽等番茄产区相继发现了一种新的病毒病，2008年11月河北省魏县、馆陶县发现零星发病地块，2009年迅速蔓延到邯郸、邢台、石家庄、衡水、沧州、保定、唐山等地区，2010年秦皇岛地区番茄上大面积发生。该病对番茄植株的生长、开花、坐果等方面产生了严重的危害，在全国13个省份大暴发成灾，严重发病地块病株率达到95%以上，该病害给当地的番茄生产造成了巨大的损失，达到20亿元人民币。

（一）初步诊断

从植株症状来看，初步判断为病毒病。但何种病毒引起的病害，仅通过照片不能判断出来。

图1　番茄幼叶上卷黄化

图2　番茄矮化、叶片变小、变黄

图3　番茄黄化曲叶病毒绿色果实不能转色

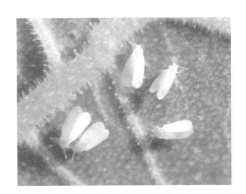

图4　番茄黄化曲叶病毒的传播介体——烟粉虱

（二）病原菌确定

（1）取 10mg 番茄病叶，加 100μL 0.5mol/L NaOH，匀浆后低速离心，上清液用 0.1mol/L Tris-HCl（pH8.0）稀释100倍，以调整 pH 至8.0，取1μL做PCR扩增。

（2）人工合成引物 A：TAATATTACCRGSRGXCCYC 和引物 B：TGGACZTTKCASGGHCCTCACA 用于 PCR，其中 R＝G 或 T；S＝A 或 T；X＝A，C 或 G；Y＝G 或 C；Z＝C 或 T；K＝A 或 G；H＝G，C 或 T. 50μL 反应液中含1μL上述制备的 DNA，75pmol 引物 A 和引物 B，012mmol/L4×dNTPs，115mmol/L MgCl$_2$，50mmol/L KCl，1mmol/L Tris－HCl（pH8），1.25单位的 Taq DNA 聚合酶。PCR 反应条件如下：94℃/40s，58℃/30s，72℃/1.5min，循环35次，最后72℃延长15min，分离纯化500bpPCR病毒特异片段后，克隆入 Invt ro gen 公司的 T Vector-PCRTM2 Ⅱ中。

（3）DNA 序列分析后，用 DNASTAR 计算机软件分析处理序列数据，用于比较的双生病毒除 TYLCVCHI 外还包括：番茄斑驳病毒（TMoV）、番茄金黄花叶病毒（TGMV）、非洲木薯花叶病毒（ACMVNIG）、印度木薯花叶病毒（ICMV）、番茄曲叶病毒 TCLVIND 和 TYLC－VAUS，番茄黄化曲叶病毒 TYLCVSic，TYLCVSPA，TYLCVSar，TYLCVISR（mild），TYLCVEGY，TYLCVISR，TYLCVNSA，TYLCVNIG，TYLCVSSA，TYLCVTHA，

TYLC-VDOM 和 TYLCVCUB，玉米条纹病毒（MSV），小麦矮缩病毒（WDV），虎尾草条纹花叶病毒（CSMV），甜菜曲顶病毒（BCTV）。

（4）结果表明，中国番茄黄化曲叶病的病原是一种与中国烟草曲叶病毒有较大亲缘关系的双生病毒，或是同一种病毒的不同株系（表1），最后诊断为番茄黄化曲叶病毒病。

表 1　TYLCV-CHI 与其他亚组Ⅲ双生病毒共同区 DNA 序列的同源性比较

TLCV-AUS	TLCV-IND	TYLCV-Mur	TYLCV-Alm	TYLCV-Sar	CLCuV-PK
63.7%	62.9%	58.4%	57.7%	56.1%	56.1%
TYLCV-ISR	ACMV-K	TYLCV-THA	TYLCV-Sic	MYMV-THA	TGMV
55.14%	54.4%	53.7%	53.2%	52.5%	47.5%
SqLCV-E	PYMV	BGMV-Gua	AbMV		
46.0%	45.3%	44.2%	43.8%		

【问题】

1. 植物病害诊断的灵魂或核心思想是什么？

2. 种植者对植物病害诊断的需求有多少？

3. 为什么病害远程诊断许多人不接受？你认为病害远程诊断技术有何优缺点。

三、补充材料

病虫害专家诊断系统

专家系统是一个或一组能够综合利用来源于人类在某个特定领域内的专家水平知识，模拟人类专家的推理过程，去解决该领域内的疑难问题的计算机程序。它是人工智能从一般思维规律探索走向专门知识利用、从理论方法研究走向实际系统设计的转折点和突破口。其研究致力于在具体的专门领域内建立高性能的程序，这些程序用以处理那些通常需要由领域专家才能分析、求解的专门问题。将与领域问题相关的专门知识进行深度挖掘和高度概括（即知识获取），并把这些知识有机地结合到程序设计中，使程序具备类似人类求解问题时的推理、学习和解释能力。因此，在某种意义上说，专家系统是以知识库为基础的系统。专家系统通常由知识库、推理机、知识获取、解释界面及用户接口五部分组成，知识库和推理机是它的核心。建立知识库的关键是如何获取和表示知识，推理机用于确定不精确推理的方法，解释界面是用户的一个窗口，能够处理各种咨询问题。

1. 专家系统的种类

（1）启发式专家系统（Heuistic Expert system）。它和起初的专家系统概念最接近。如 SOYBUG 和 AWFES。前者是以美国佛罗里达州负责大田虫害防治的昆虫学家的经验知识为基础，并借助商品软件外壳 INSIGHT2+开发的，其研究重点是知识采集技术；后者总结了我国著名昆虫学家李光博先生多年潜心黏虫测报的研究成果，系统编程采用了 porlog 语言。

（2）实时专家系统（Real time Control Expert System）。又称为算法专家系统（Algorithmic Expert System），在农业上应用较为广泛，其基本功能是在一定的系统参数控制下通过使用传感装置对设置点进行自动调节控制。系统的输入输出是精确值和预先定义的，整个过程中用户几乎不参与。此类专家系统都是以时间为中心，预先的输入一定是由反应器提供的数据，这些限制为知识获取提供了一个明显的边界，有利于知识的获取。但它要求专家考虑作为一个控制系统如何调整系统本身去适应变化了的条件，这与专家系统的一般观念有很大的不同。典型的例子是 MISTNIG。这是一个能动态调整繁殖温室内的喷雾时间和频率的专家系统。

（3）基于模型的专家系统（Model Based Expert System）。这类系统应用模拟模型技术来构造专家系统，反过来利用专家系统为模型提供参数及模拟结果的解释来更好地利用已被验证的模型。COMAX 是一个很好的典范，它把专家系统和模型技术有机结合，大大提高了棉花模型 GOS SYM 的实用价值；类似的软件如 SMARTSOY 是在大豆模型 SOYGRO 的基础上开发的专家系统，内有预测 4 种虫害的若干规则，并把虫害发生情况和产量联系起来，提出防治建议，符合率达到 80%。

（4）专家数据库（Expert Databases）。此类系统是专家系统与数据库相联接的组合系统，其中专家系统的作用是改善对数据库的存取和解释能力，更方便地实现对数据库有关信息的利用。

（5）专家开发（环境）工具（Problem Specific Shell）。随着人工智能的进一步发展，为了进一步将专家系统应用于生产实际，一些辅助专家系统开发的工具迅速开发出来，从而大大缩短了开发专家系统的周期。这是将来专家系统开发的方向。开发工具的主要作用是帮助研究人员获取知识、知识表示、知识运用；帮助系统设计人员进行专家系统结构设计；提供一个内部的软件环境，提高系统内部的通讯能力。如 CALEX 是专用于农作物管理问题的专家系统外壳，它并不涉及特定作物，面向的问题是一组类似的农事活动和管理决策（病虫害治理等）。对于每种作物，每项活动的决策过程基本是一样的。而每项活动均需简单计算、通讯、数据库管理、模拟和专家系统等软件功能。CALEX 提供了这种把不同活动过程综合起来的超级结构，形成一致的软件环境，并能使特定作物和每个生产系统参数化。

2. 专家系统开发方式

（1）采用不同的高级程序语言（如 PASCAL、VC、VB、VF 等）或人工智能语言（如 LISP、PROLOG 等）开发，即通过编程来实现专家系统的各种功能，如 Williams 等 1993 年采用 Visual C++研制成功棉花病虫害管理专家系统。

（2）利用一些应用较为成功的专家系统开发工具，也称专家系统壳（Expert System Shell），直接输入有关信息，建立知识库，从而构成专家系统。20 世纪 50 年代初，根据专家系统知识库和推理机分离的特点，研究人员把已建成的专家系统中的知识库"挖"掉，剩余部分作为框架，再装入某一领域的专业知识，构成新的专家系统。在调试过程中，只需检查知识库是否正确即可。在这种思想指导下，产生了建立专家系统的工具，或称专家系统开发工具、专家系统外壳、利用专家系统开发工具，某领域的专家只需将本领域的知识装入知识库，经调试修改，即可得到本领域的专家系统，无须懂得许多计算机专业知识。目前我国应用较多的为国外较成熟的专家系统壳，如 CALEX、LUCID、PC、PENSHELL、VP-EXPERT 等。LUCID 是由澳大利亚昆士兰大学有害生物信息技术与推广中心研制而成的基于多媒体技术的多途径的分类检索和诊断专家系统开发工具，国外的"葡萄害虫的识别与诊断""仓库害虫的识别与防治"以及我国近年来开发的"植物检疫信息管理和辅助决策网络系统"等均以它作为识别与诊断检索开发工具。我国也自主研制一些专家系统开发工具，如中国科学院合肥智能研究所的 KA3 和 KA4、浙江大学的 ZDEST、中国科学院计算机研究所的 VESS、吉林大学的 MES 等。

3. 系统知识库的设计与建立

知识库是专家系统的心脏，专家系统解决问题的能力在很大程度上依赖于知识库中的知识完备程度和可靠性。

（1）知识获取与综合。多年来，国内外许多专家对为害蔬菜的病虫种类及其生物学和生态特性进行了大量的研究，特别是蔬菜成为河北省农业主导产业以来，各级科研、技术推广等单位对蔬菜主要病虫害开展了专门的研究，内容涉及蔬菜主要病虫害种类、发生为害规律、监测技术及综合治理等，发表了相当数量的专题研究报告，已经初步形成了较为系统的蔬菜病虫害治理技术体系。另外，全省各地植保工作人员也在工作实践中积累了丰富的蔬菜病虫害诊断、监测和治理经验。这为本系统的建立提供了必需的资料和技术基础。CSDC 在广泛收集了多年来各地蔬菜主要病虫害研究的资料及最新成果，吸收了很多方面专家长期工作实践中积累起来的宝贵经验，研究者本人自己的试验结果、项目研究和认识，也渗透于整个知识库中。因而，就系统知识的获取途径而言，CSDC 的知识源可以划分为以下三方面（图 5）。

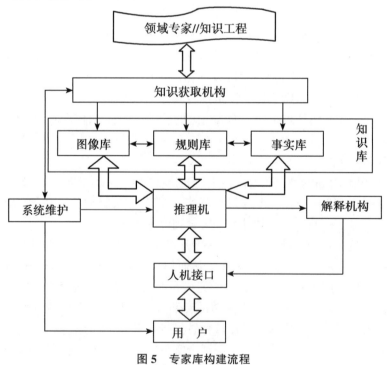

图 5　专家库构建流程

①公开性知识：对国内外的数篇历史文献进行归纳、整理和总结，将有关知识抽提并精练，形成规范化的系统知识。

②专家经验：通过与专家（这里的专家是一个抽象的概念）对话（这是目前专家系统知识获取的重要形式）来获得专家在长期的实践中积累的经验和解决特定问题的推理路线，对于某些经验型知识经过历史资料的修正，这是本系统最主要的知识来源。

③研究者的认识：因为本系统的研究者也从事蔬菜病虫害治理工作，所以在获得其他专家知识的同时，也将自己的试验结果、研究成果和认识渗透于整个知识库中，并根据生产实践，不断对知识源进行补充、修改，以便更实际。

系统知识，尤其是检索词的标准化、规范化是实现系统正确搜索和提高推理速度的重要环节。而初步收集的知识往往不够规范和完备，甚至不够精确，因此在知识获取基础上必须对源知识经过整理、总结、提高和规范化等再加工处理，提高知识条理性、系统性，便于知识表示和系统利用。以系统检索词为例，词汇的选择尽量做到唯一性，避免使用同义词。如菜青虫、菜粉蝶、菜白蝶等是同义词，即统一为菜青虫；另如桃蚜、甘蓝蚜、萝卜蚜三者形态特征相似且为害作物、治理措施相同，则统一归类为菜蚜。同时又要考虑用户输入的可能是同义词，如输入的是菜粉蝶而不是菜青虫，为此系统建立了同义词库，当在规范化的描述词中无法查询到时，即自动转到同义词库中搜索，系统将检索词自动转换成标准的描述词，然后继续运行。

系统知识库包括事实库、规则库和图像库等。事实库主要收录了浙江省 35 个蔬菜种类的 100 多种病害、50 多种害虫资料，涉及到种病原种类，害虫分属于昆虫纲的鳞翅目、鞘翅目、直翅目、双翅目、膜翅目、缨翅目、同翅目，以及蛛形纲的蜱螨目和腹足纲的柄眼目；相关内容包含病、虫害的症状（识别特征）、病原菌（病因）、害虫、发生规律、为害特点、农业防治、物理防治、生物防治、化学防治、防治药剂、安全生产常识以及它们间相互关系的集合信息等。规则库中包含有诊断、治理、判断、决策、建议等大量规则，共 2 000 余条。此外，系统中还收集、整理、建立了图像库，主要包含有蔬菜害虫形态特征、为害状图片 400 余幅，病害症状图片 500 余幅；病虫害图片绝大多数以 SONY7F07 数码相机实地拍摄，少数采用 MICRO-TEK Sean Make3800 扫描或数码相机翻拍，并利用 Aeosee5.0、Photoshop7.0 进行编辑、注释，以 PJG 格式保存，以减少图像存储空间，从而压缩软件的容量。

（2）知识库的组织。系统知识之间存在各种关系，每种关系均可以用特性来描述，它包括特征属性和值两部分。而一个二维表所表示的关系与谓词演算中的一阶谓词间具有对应关系。因而，绝大部分的系统知识均按系统框架分类，以二维数据表（.DBF）形式保存，知识层次结构关系通过数据表之间的索引关联来实现，由数据管理系统统一管理。系统运行时，在预定的推理机制控制下，由框架调用相应的数据表，并在当前工作区打开，形成系统所需的特定数据环境。

（3）推理机的构造。推理机也称推理机制（Inference Mechanism）或问题求解，即如何控制运用知识库中的专家知识。它主要承担向用户提问、事实匹配和规则推理等功能，模仿领域专家一般的思维方式处理用户输入的数据，解决用户的问题，即根据上下文语义，在知识库中遍行搜索（选择有关知识），进行分析（对用户提供的证据进行匹配），并且模仿专家的推理过程对这些过程进行审查，在推理中可形成新的知识，并把新知识和原知识库结合起来，而且还考虑知识库中的知识间的各种关系，通过形成推理和搜索策略在工作存储区中求解问题，直到得出结论为止。

蔬菜病虫害诊治决策推理规则集（框架）形成了从初始状态〔蔬菜种类+栽培方式+当前月份（生育期、生长季节）〕、中间假设状态——症状、病虫害。（治理目标与安全因子）——治理决策之间的因果关系。多项因果关系构成了病虫害诊治的因果关系网，在该网络中，把客观环境条件、病虫害的表征（被害状、形态特征）通过中间假设状态（框架）关联到它们的最终诊断结果上，形成了一条从初始状态经过因果网络到达最终状态的完整路径（图6至图10）。

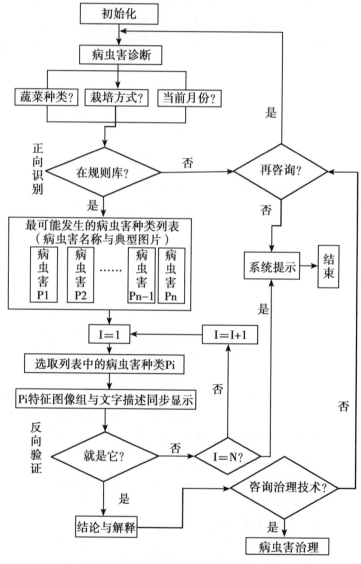

图6 病虫害诊治推理流程

4. 诊断结果

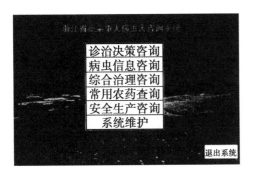

图 7　系统主界面

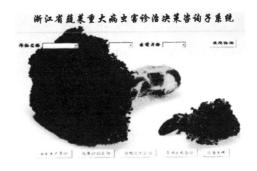

图 8　蔬菜重大病虫害诊治决策子系统（诊断模块）

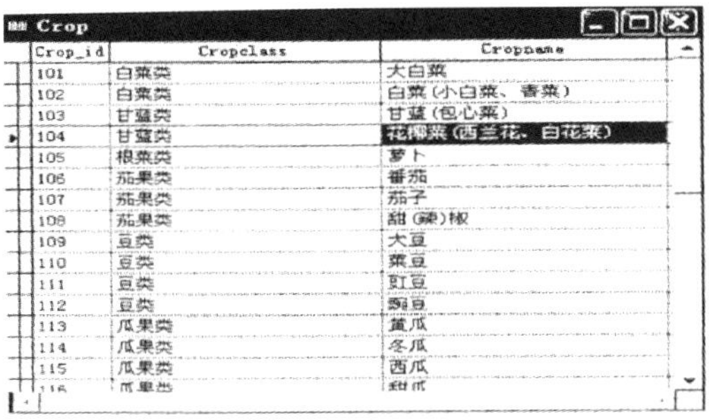

Crop

Crop_id	Cropclass	Cropname
101	白菜类	大白菜
102	白菜类	白菜（小白菜、青菜）
103	甘蓝类	甘蓝（包心菜）
104	甘蓝类	花椰菜（西兰花、白花菜）
105	根菜类	萝卜
106	茄果类	番茄
107	茄果类	茄子
108	茄果类	甜（辣）椒
109	豆类	大豆
110	豆类	菜豆
111	豆类	豇豆
112	豆类	豌豆
113	瓜果类	黄瓜
114	瓜果类	冬瓜
115	瓜果类	西瓜
116	瓜果类	甜瓜

图 9　作物表

Result

Result_id	Rule_id	Pestname
管理	条件	害虫名称
10001	10003	大白菜菌核病
10002	10004	大白菜霜霉病
10003	10004	大白菜病毒病
10004	10004	大白菜软腐病
10005	10004	大白菜菌核病
10006	10004	大白菜白斑病
10007	10004	大白菜黑斑病
10008	10004	大白菜白锈病
10009	10004	小菜蛾
10010	10004	菜青虫
10011	10004	黄条跳甲
10012	10004	猿叶甲
10013	10004	小地老虎
10014	10005	大白菜霜霉病
10015	10005	大白菜病毒病
10016	10005	大白菜软腐病
10017	10005	大白菜菌核病
10018	10005	大白菜黑腐病
10019	10005	大白菜白斑病

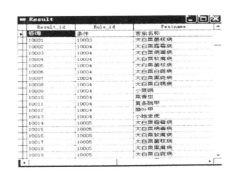

图 10　诊断结果

四、基于 Java&XML 技术构建植物病虫害远程诊断系统

（一）技术背景

J2EE 已经成为企业应用开发的标准。平台为创建、部署和管理企业级类应用以及代码的可移植性及重用提供了一个安全的、伸缩的和可扩展的环境。基于它，开发者只需要集中精力编写代码来表达企业应用的商业逻辑和表示逻辑，至于其他系统问题，如内存管理、多线程、资源分布、垃圾收集等，都将由 J2EE 自动完成。J2EE 方案的实施可显著地提高系统的可移植性、安全性、可伸缩性、负载平衡和可重用性。J2EE 的发展，让 Java 语言与 MVC 模式设计思想达到了完美的结合，很早就提出但一直未能突破语言障碍的 MVC 模式得以实现。由 Apache 组织开发的 Struts 框架是一个基于 J2EE 平台的 Web 应用系统框架，它采用 MVC 模型规范，结合了 Servlet、JSP、JavaBean 的技术特点，使这些技术合理分工，紧密配合，达到程序结构清晰，易于开发、维护的目的。Struts 的主要部件是一个通用的控制组件。这个控制组件提供了处理所有发送到 Struts 的 HTTP 请求的入口点。它截取和分发这些请求到相应的动作类（都是 Action 类的子类）。同时，控制组件也负责用相应的请求参数填充 FormBean，并传给动作类。动作类实现核心业务逻辑，它可

以访问 JavaBean 或调用 EJB。最后，动作类把控制权传给后续的 JSP 文件，后者则生成视图。所有的这些控制逻辑都是利用一个 XML 文件来配置。XML 与生俱来的可扩展、跨平台、开放的特性无疑与 Java 相呼应，形成了完美搭档。在 Web 这样一个公共的、开放的资源平台与计算环境上，Java 技术提供了丰富的实现机制；XML 为信息的有效管理和数据集成提供了强大的功能，它提供了一种人和程序都能阅读的描述机制。XLST 用来把 XML 文件转换成 HTML 文件，其中 XML 信息可由 JSP 动态生成，通过将数据库中的信息检索转换成 XML 数据信息增大数据的通用性。

在对数据库的处理时我们采用面向对象的数据持久化技术 hibernate，它是现在对数据库处理的一个非常优秀的 O/R Mapping（对象关系映射框架）产品，它对 JDBC 进行了轻量级的对象封装，使 Java 程序员可以随心所欲的使用对象编程思想来操纵数据库。Hibernate 不仅仅管理 Java 类到数据库表的映射，还提供数据查询和获取数据的方法，主要包括以下几个特点：①具有开源和免费的 License；②轻量级封装，避免引入过多复杂的问题，调试容易，减轻程序员负担；③具有可扩展性，API 开放，当本身功能不够用的时候可以允许自己遍码进行扩展；④开发者活跃，产品有稳定发展的保障；⑤具有丰富的文档资料；⑥有成功的项目开发实施案例；⑦在开发者当中有良好的口碑。

（二）系统功能和设计

系统利用人工智能技术，在 Internet 上 24h 运转，远程拥有自助生产中的疑难病虫，运行成本低，这也是远程诊断的发展方向。基于对病害和害虫诊断的不同特点，在推理机上也采用了不同的方法，对害虫的诊断上采用了二叉树推理机，而对病害的诊断采用神经网络推理机（图 11）。

系统主要包括以下功能。

（1）用户认证。系统所有用户的密码采取 MD5 算法加密，任何人无法从数据库（或者数据包）中获取到其他人员的密码。

（2）系统管理员对系统的维护，包括对用户的管理和对病虫害数据的填加、更新、删除等操作。

（3）用户对信息的搜索。用户可以通过站内搜索来查找自己需要的信息内容。

（4）推理与诊断。根据用户输入的信息，系统将自动的来推理诊断得出结论，反馈给用户。

整个系统采用 Struts 结构，图 12 是系统的主体框架设计图，图 13 为系统的底层结构。在 Model 中，用一个表单 Bean 来保存 HTTP 请求传来的数据，两个业务逻辑 Bean 来处理业务逻辑，因为对病和虫的诊断机理不同，所以才用了两个业务逻辑 Bean，其中一个为进行二叉树推理，另一个为神经网络推理，之所以分成两个也是尽量的让系统松耦合，随着系统的升级以后可能采用更为先进的准确的推理机，那么到时我们只需更换相应的业务逻辑 Bean 就可以了，而对别的都不构成影响，这对以后的系统升级无疑是一件很好的事。

在系统的推理过程中，势必会有很多的会话信息，这里用系统状态 Bean 来保存跨越

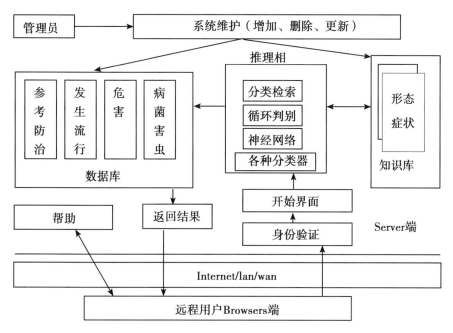

图 11　植物病害远程诊断系统构成

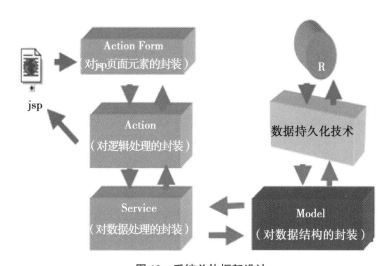

图 12　系统总体框架设计

多个 HTTP 请求的单个客户的会话信息。视图使用 JSP 建立，用 JSP 产生 XML 文件，再由 XLST 把 XML 文件转换成 HTML 文件，然后传送到客户端。控制器处理所有发送到 Struts 的 HTTP 请求。根据对病害和虫害的不同诊断需求，把截取的请求分发到相应的动作类，负责用相应的请求参数填充 FormBean 并传给动作类。在动作类通过访问 Model 中的不同业务逻辑 Bean 实现核心业务逻辑后，根据动作类的返回值把控制权交给相应的 JSP 文件，生成视图。

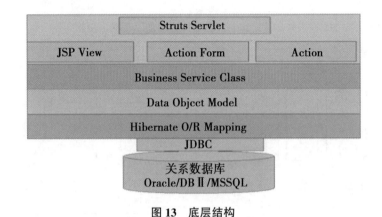

图 13　底层结构

五、基于神经网络的农作物病虫害诊断方法

（一）BP 神经网络介绍

BP 神经网络，即反向传播神经网络，是一种前馈神经网络。标准的 BP 神经网络由 3 个神经元层次组成，即输入层、隐含（中间）层和输出层。各层的神经元之间形成全互连接，各层内的神经元之间没有连接。对多层网络进行训练时，首先要提供一组训练样本，其中的每一个样本由输入样本和理想输出对组成。当网络的所有实际输出与其理想输出一致时，表明训练结束。否则，通过修正权值，使网络的理想输出与实际输出一致。

（二）神经网络结构设计

1. 隐含层数的确定

理论分析表明，隐含层数最多两层即可。唯当要学习不连续函数时，才需要两个隐含层；而具有单隐含层的神经网络能映射一切连续函数。在一般情况下，采用一到二层隐含层比较合适，因为中间层越多，误差向后传递的过程计算就越复杂，相应的训练时间也增加；隐含层增加后，局部最小误差也会增加，网络在训练过程中，往往容易陷入局部最小误差而无法摆脱，网络的权值也就难以调整到最小误差处。

2. 输入层、输出层神经元数的确定

这两层神经元数目的确定完全依赖于输入输出向量各自的维数。根据问题领域内影响所要求解问题的因素的重要程度来选取特征因子，所选择因子个数即为输入层节点个数。求解问题所要求得结果的个数，即为网络输出层节点个数。

3. 隐含层神经元数的确定

采用适当的隐含层神经元数是非常重要的，可以说选用隐含层神经元数往往是网络成败的关键（图 14）。隐含层神经元数选用太少，网络难以处理比较复杂的问题，隐含层神经元数过多，将使网络训练的时间急剧增加，而且过多的处理单元容易使网络训练过度，也就是说网络具有过多的信息处理能力，甚至将训练组中没有意义的信息也记住，这就使网络难以分辨数据中真正的模式。

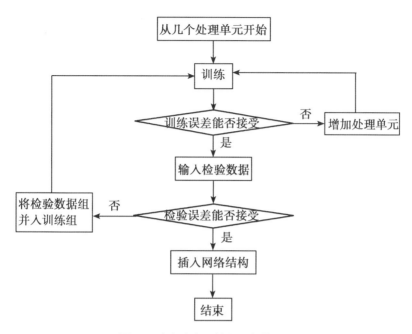

图 14　确定隐含层神经元数的流程

4. 初始权值的选择

初始权值的选择直接影响网络训练时间。如果每个节点的净输入均在零值附近，那么不论输入如何，网络初始学习阶段的速度将是很快的。因为不论对单极性还是双极性 Sigmoid 函数来说，净输入为零时正是处于转移函数的中点。而神经元从中点开始学习，有以下两方面的优点：在事先不知道输出值大小的情况下，输出中值显然是猜测的最佳起点；神经元要尽力避免工作在 Sigmoid 函数的饱和区。因为函数在该区的导数值很小，致使对权值的修改量很小，学习速度太慢。初始权值按以下方式确定：置隐节点的初始值为均匀分布在零附近的很小的随机值；置每个输出节点所连的权值数的一半为 1，另一半为 -1，若连至输出节点的权值数是奇数，便置该输出节点的权值为零。

（三）玉米病虫害诊断神经网络模块的设计

玉米病虫害诊断问题可以看作是由输入症状到输出病虫害之间的非线性映射问题。采用三层 BP 网络结构，输入神经元对应于用户所观察到的症状，输出层对应于玉米病虫害名称（图 15）。通过对由领域专家提供的玉米病虫害原始数据的整理、分析，共归纳出 26 种疾病，提炼特征症状 55 条，都是玉米生长过程中的常见疾病及对应特征症状。

（1）输入符号信息。用户选择观察到的症状，提交给系统。

（2）编码。系统从症状库中提取所选症状的对应索引，生成输入编码，传递给诊断子网。如用户选择了 1、5、6 号症状，则对应输入编码为：

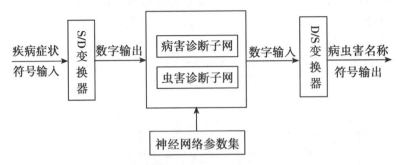

图15 玉米病虫害诊断神经网络模块的设计

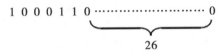

由此完成由符号输入到数字输出的 S/D 转换。

（3）初始化诊断子网。读取数据文件，用已存储的权值和阈值矩阵初始化网络。

（4）推理、诊断。网络接收由编码得到的输入向量，经过计算、推理，输出诊断结果。

（5）解码。系统根据神经网络的诊断结果（疾病代码），搜索疾病库，查找该代码所代表的疾病名称，由此完成由数字输入到符号输出的 D/S 转换。

（6）输出诊断结论。玉米病虫害诊断推理机制。

应用神经网络参数集中网络训练所得到的权值和阈值，在新的病虫害症状数据的驱动下，经过神经网络前向算法得到诊断结果，即采用正向推理，在训练完毕后的 BP 网络上将新的症状提交给输入层节点，按神经网络的推理，最后输出可能发生的病虫害。

六、基于计算机视觉和光谱分析技术的蔬菜叶部病害诊断

（一）计算机视觉技术（Computer Vision Technology）

计算机视觉技术（Computer Vision Technology）是近 40 年来伴随着信息技术的发展应运而生的一门技术，国内外研究主要集中于作物生长状态监测、作物营养、缺素症的判别、农产品品质自动检测与分级、作物杂草及病虫害的识别与防治等方面。20 世纪 80 年代中期，开始出现将计算机视觉技术应用到植物病害诊断。根据植物病害计算机诊断所依据的病害的图像特征，可以将目前的研究分为以颜色特征作为判别依据、以纹理特征作为判别依据、以形状特征作为判别依据和以多元特征作为判别依据 4 个方面。

1. 以颜色特征作为判别依据

颜色特征是病斑首要的、最直接的能与其他病斑分离的特征。植物病害发生后，叶片表面往往会形成病斑，人眼区分病部与健康部位的最直观的特征是病斑部分叶片表面颜色

发生变化。利用植物叶片的红外图像判断叶片受 SO_2 污染的区域；利用茨菇叶片图像色度直方图的 r、g、b 成分值及病态面积判断茨菇缺乏 Ca、Fe、Mg 的缺素症；根据叶片数字图像的 RGB 值估计叶绿素的含量；利用 RGB、HIS、RGB 3 种彩色模型评价玉米由于缺水和缺氮对叶片造成的色彩特征变化；用图像分析软件分割玉米花叶条纹病病叶变色部位，并判断发病程度；根据 HIS 色调直方图的特征参数，以色调 H 直方图统计特征参数和百分率直方图区间值特征作为区分黄瓜角斑病、斑疹病与正常叶片的重要依据，发现在色调（48~50）和（45~47）区间区分正常叶片与病变叶片的效果最好；根据病斑图像 R、G、B、H、I、S 成分的均值、方差、偏度、峰值、能量、熵 6 个统计特征参数识别黄瓜炭疽病和黄瓜棒孢叶斑病；基于病斑 RGB 颜色特征结合神经网络技术实现了大豆叶片病斑区域的识别；在 RGB 和 HSI 颜色模型下分析了各颜色分量与棉花早衰程度的相关特性；利用色度学原理，将颜色值作为遗传神经网络的输入单元，实现大豆病斑区域的识别。

2. 以纹理特征作为判别依据

纹理是指图像中反复出现的局部模式和它们的排列规则。叶片健康组织与病变组织的纹理在粗细、走向上有很大差别。纹理特征提取的主要目的是将随机纹理或几何纹理的空间结构差异转化为特征灰度值的差异，用一些数学模型来描述图像的纹理信息，包括图像区域的平滑、稀疏、规则性等。图像的灰度共生矩阵被理论和实验证明是纹理分析中一个很好的方法，广泛用于将灰度值转化为纹理信息。利用彩色共生矩阵法提取了 H、I、S 3 个通道图像的 13 个统计参数，共得到 39 个纹理特征进行柑橘疮痂病、柑橘树脂病等病害叶片和正常叶片的鉴别，准确率达 95%；在黄瓜、葡萄和玉米叶片的病害识别方面，利用色度矩提取植物病害叶片的纹理特征，结果说明将色度矩和支持向量有机结合可以很好地对植物病害图像进行分类；采用灰度共生矩阵法提取了能量、惯性、熵、均匀性等纹理特征参数，区别黄瓜角斑病和斑疹病；对 HSI 彩色模型的各个颜色通道进行对比分析后，采用 H 通道图像构建共生矩阵，提取能量、熵、对比度、逆差矩、相关 5 个纹理特征，利用 K 均值聚类算法进行定位后的杂草识别，准确率达到 93%。纹理特征是图像分析的重要线索，纹理特征的提取方法层出不穷，与图像颜色特征相比，纹理能更好地兼顾图像宏观性质与细部结构两个方面，即可用于图像处理阶段的图像分割又可用于图像分类识别，因而效率较高。

3. 以形状特征作为判别依据

病斑的形状特征也是判断病害所属种类的最重要和最有效的依据，病害叶片图像经过边缘提取和图像分割操作后，得到病斑图像的边缘和区域。形状特征的描述有多种方法，基于病斑几何特征的描述子，利用偏心率、形状复杂性、形状参数、紧密度、矩形度等特征鉴别水稻叶部病害；利用图像处理方法对黄瓜病害进行分割，提取病斑区域的形状参数、长短轴、矩形度、紧密度、欧拉数、圆形度、方向等形状特征参数并进行特征优化，通过神经网络方法对黄瓜 3 种病害的识别准确率达到 80%；基于统计特征的形状描述子，利用主成分分析方法提取形状特征；基于分形理论的病斑形状描述，应用周长面积法和曲线长度法分析水稻纹枯病、桃细菌性穿孔病、玉米小斑病和玉米大斑病 4 种病害病斑形状的分形维数，结果表明病斑的形状信息具有明显的分形特征，病斑复杂性可用分形维数来表示，形状越复杂，分形维数越大，反之越小。植物病害的病斑形状虽然受寄主类型、病害发生阶段和程度、病害发生生态环境等因素的影响，但是同种病害在同种寄主上其病斑形状较为稳定，因此病斑形状在病害的识别中有重要的地位，准确提取病斑形状特征对于病害的识别至关重要。

根据不同的识别对象，选择不同的多元特征组合方式，如对于纹理特征不明显或不稳定的对象，多选择颜色与形状相结合的方法。在苹果识别方面，提取彩色图像的颜色和几何形状特征实现对苹果的识别，表明多元特征的识别准确率高于单元特征。综合考虑植物病害的多元特征，往往由于数据量大需要更为准确和高效的病害的模式识别算法，因此对多种传统算法进行改进，建立了能够完成植物病害种类判别的多层次模糊人工神经网络算法。

（二）光谱成像技术（Spectral Imaging）

光谱成像技术（Spectral Imaging）是新一代光电探测技术，因其融合了空间和光谱信息成为各个领域科学研究的创新性尖端技术。光谱成像技术使用空间图像处理、化学和光谱技术对图像立方体进行光谱和空间联合分析，可以获得有别于传统光谱技术的空间和光谱三维信息，在各个领域都具有非常重要的价值和意义。光谱成像技术在农业领域的应用主要有大范围的植物病虫害监测、植物病害诊断、农产品品质检测、作物生长状态监测等。

植物发病以后，其新陈代谢会发生一定的改变，对植物内部细胞及色素含量、水分和细胞间隙产生影响，使病部的光谱特性与健康植物的光谱特性相比，某些特征波段的光谱信息会发生不同程度的变化；植物受病害胁迫时，对可见光和近红外光谱范围内入射光的吸收会发生变化，这种反应可能是由于发病植株叶绿素含量降低，其他色素以及叶片内部结构发生变化引起的。由于不同的病害在某一特定光谱范围呈现不同的特征，因此发病后根据光谱特征曲线的变化规律，可以确定出植物病害的发生情况。

高光谱成像技术以其超多波段、高分辨率等特点，使其可探测植物内部精细的光谱信息，特别是在估测植被各种生化组分的吸收光谱信息上表现出了强大的优势。相关的研究如：利用地面的包含红、绿、近红外 3 个波段灰度图像的多光谱成像技术对茄子灰霉病进行无损检测研究；采用窄带多光谱成像技术在标准观测环境下获取患病黄瓜叶面的 14 个可见光通道和近红外通道、全色通道的多光谱图像对黄瓜的红粉病、黑星病、白粉病、褐斑病和霜霉病 5 种病害进行识别；针对黄瓜霜霉病和白粉病，测定 450~900nm 范围内的高光谱图像，提取色度矩纹理特征实现了黄瓜病害的快速、精确分类诊断；利用便携式高光谱成像系统在 400~900nm 范围检测柑橘溃疡病，识别准确率达到 92.7%，在可见光和短波近红外区域选择了 553nm，677nm，718nm 和 858nm 四个最佳波段用于柑橘溃疡病的自动分拣。

（三）傅立叶变换红外光谱技术

红外光谱技术最初应用于化学领域，成为化学分析检测的重要手段。目前，该技术已广泛应用于农产品品质检测、医学诊断、植物代谢、微生物分析等多个领域。

在植物病害的红外光谱诊断方面，前期国内外的研究主要集中在病原微生物的分析上，对于作物病害的检测方面尚且处于起步阶段，仅有少数相关的研究报道，如玉米受镰刀菌及其毒素污染的检测，马铃薯炭疽病的检测，病害烟叶的傅立叶变换红外光谱研究，水稻稻纵卷叶螟的为害，柑橘黄龙病与柑橘其他病害区别的红外光谱检测等。

傅立叶变换红外光谱技术（Fourier Transform Infrared Spectroscopy，FTIR）应用于微生物的快速鉴定是近年来的新型检测技术，有"分子指纹"之称，只需少量的微生物便可完成分析，而且速度快，操作简单，不需破坏细胞或添加任何化学试剂，降低了分析成本，提高了分析的真实性。20世纪90年代初，开始出现将红外光谱应用到微生物分析方面的研究，提出根据微生物的红外"指纹"图谱可以说明微生物的种类或微生物细胞所处的代谢状态。之后，红外光谱便逐渐成为一种公认的可以提供生物"分子指纹"特征的技术被广泛应用到生物分析的各个领域。在微生物鉴别和分类方面，多应用于细菌、真菌、酵母菌、放线菌的鉴别和分类，不仅可以进行不同属的鉴定，而且可以实现种，甚至亚种的识别。在微生物不同条件下代谢变化的分析方面，如细菌对抗生素、营养胁迫的反应，在不同环境压力下细菌代谢引起的光谱变换等。

（四）蔬菜叶部病害高光谱图像采集系统的构建

1. 高光谱图像采集系统的构建

高光谱成像系统主要由光谱仪、成像系统和光谱处理分析软件组成。光谱仪主要通过光学系统，产生系列光谱；成像系统主要用于记录光谱信息；再通过处理分析软件，获得影像中每一个像素点的光谱信息。本论文构建的高光谱图像采集系统由基于成像光谱仪的高光谱摄像机、光学镜头、液晶可协调滤光片（Liquid Crystal Tunable Filter，LCTF）、积分球、照明结构等部件组成。

2. 黄瓜叶部病害高光谱图像的采集

利用构建的高光谱成像系统，采集每个样本的光谱图像。在高光谱图像数据采集之前，需要首先确定摄像头的曝光时间以保证图像清晰，确定推扫间隔，即两个相邻光谱通道图像采集的间隔时间。本实验采集的曝光时间定为200ms，推扫间隔定为100ms，采集图像分辨率为1 280×1 024像素，光谱范围是400~720nm，采样间隔为5nm，每个样本采集到65个光谱通道的图像，最终得到1 280×1 024×65维的光谱图像和光谱反射率数据块。

3. 黄瓜叶部病害高光谱图像数据获取

每个病斑的高光谱数据信息，采用对高光谱图像中感兴趣病斑内的灰度值求平均的方法获得。其中，每种病害取单个病斑区域内均匀分布的20个像素的光谱灰度平均值作为一个病斑样本，健康叶片分别从叶根、叶中部和叶尖3个部分取20个像素的灰度平均值为一个样本。参考白板则在任意位置随机取20个像素的均值作为其光谱灰度值。对于病害叶片和健康叶片5种样本，分别取80个数据集，共得400个数据集（5种样本×80个数据集）。

4. 黄瓜叶部病害光谱特征的提取

高光谱成像技术中存在的最大问题是处理从光谱图像中提取的大量的数据，要消耗大量的时间和资源，因此，采用特征波段选择和特征波段提取两种方法实现数据的降维，建立光谱特征空间。

（1）黄瓜叶部病害光谱特征波段的选择。高光谱图像数据位于一个高维空间中，它的每一个波段都可以看成一个特征。因此，在高光谱图像中进行特征选择就是进行波段选择（Band Selection），从所有光谱波段中选择起主要作用的子集。本研究中，初始图像维为 1 280×1 024×65，选择 n（n≤65）个特征波段后，得到 1 280×1 024×n 维的图像立体子集，既能明显的降低数据维数，又能比较完整地保留感兴趣的信息。

我们采用逐步判别方法来选择特征波段。"逐步"选择从无变量的分类模型开始，每一步都对模型内部和外部的变量进行测验，根据 Wilks' Lambda 统计量，把模型外对模型的判别力贡献最大的变量加到模型中，同时考虑已经在模型中但又不符合留在模型中条件的变量从模型中剔除，直到没有变量被剔除也没有变量被引入时，判别结束，得到最后的分类模型。

（2）黄瓜叶部病害光谱特征波段的提取。特征提取（Feature Extraction）也是一个光谱特征空间的降维过程，与光谱特征选择相比，它是建立在各光谱波段间的重新组合和优化基础上的。在经过特征提取后，将原始的特征空间投影到了一个低维并优化后的新特征空间。这里采用典型判别方法来提取特征波段。典型判别思想是原始变量的线性组合，把原来 m 个变量综合成 r（r<m）个新变量。这样，m 维总体的判别问题化为 r 维的判别问题，一般维数降低了，由于特征向量线性无关，故 r 个新向量互不相关。

5. 黄瓜叶部病害识别模型的建立与检验

利用上面两种方法提取的光谱特征参数，利用距离判别方法，建立判定黄瓜白粉病、细菌性角斑病、棒孢叶斑病、霜霉病和无病区域的线性判别模型。距离判别的基本思想是样本和哪个总体距离最近，就判它属于哪个总体。

根据建立的判别函数对参加建模的 200 个样本进行回判，5 类样本的判别正确率均为100%。考虑到判别模型是根据训练样本信息得到，故可能夸大判别效果。为了验证模型的有效性，以未参加建模的 200 个图像样本作为测试集对模型进一步检验，结果对黄瓜无病健康叶片、白粉病、棒孢叶斑病的识别正确率是 100%，黄瓜角斑病和霜霉病的识别正确率分别为 90% 和 80%，测试样本的平均识别正确率为 94%（图 16）。

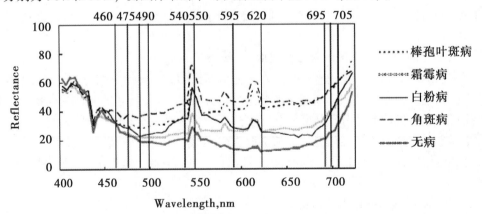

图 16　黄瓜病害和健康叶片样本的平均光谱反射率曲线

农业病虫害网络化远程诊断平台技术研究涉及多种学科包括农业昆虫学、植物病理学,计算机技术中的数据库、多媒体、人工智能、图像处理与计算机视觉、网络应用等,是这些学科的一种综合应用。

【问题】

你认为如何最终实现植物病害远程诊断正确率达到100%?

七、参考文献

柴阿丽.2011.基于计算机视觉和光谱分析技术的蔬菜叶部病害诊断研究〔D〕.北京:中国农业科学院研究生院.

马占鸿,顾沛雯,王海光,等.2011.设施园艺病虫害远程诊断和早期预警系统构建与应用〔J〕.植物保护,37(1):176.

王克如.2005.基于图像识别的作物病虫草害诊断研究〔D〕.北京:中国农业科学院研究生院.

王越.2007.基于神经网络的农作物病虫害诊断方法研究〔D〕.长春:东北师范大学.

郑永利.2003.浙江省蔬菜重大病虫害诊治咨询系统的初步研究〔D〕.杭州:浙江大学.

案例九 精准农业下的病虫害防治

一、案例材料

从 2006 年 9 月起，北京市大兴区开始超前示范推广精准农业，16 项获得国家专利的信息化技术已经应用在 2 000 亩农田上，全程监控瓜果菜花生长过程，堪称国内精准农业推广的发轫之举。随着 3 年多来的改进，政府已为技术开发、项目推广投入资金 200 万元，农民专业合作组织用上精准农业技术，尝到了甜头。目前，大兴区正在筹划在更大范围推广精准农业，使全区示范推广农田达到 4 000 亩，带动 3 万农户应用精准农业技术。大兴农业示范区将大量的传感器节点构成监控网络，通过各种传感器采集信息，以帮助农民及时发现问题，并且准确地确定发生问题的位置，这样农业就逐渐地从以人力为中心、依赖于孤立机械的生产模式转向以信息和软件为中心的生产模式，从而大量使用各种自动化、智能化、远程控制的生产设备。

与此同时，大兴区还自主开发了农业信息网，为农民搭建了一个集农业产前信息引导、产中技术服务和产后农产品销售于一体的综合农业信息服务网，同时链接了本区 3 个专业网站和 20 个农业企业网，架起了农民与市场、专家之间的桥梁，农民有什么问题可以直接上网与专家对话，初步形成了大兴精准农业的物联网（图 1）。

图 1　北京大兴精准农业示范区

在此之前，北京市昌平区小汤山国家精准农业研究示范基地是 1999 年在国家发改委、北京市发改委、北京市科委、北京市农委、北京市财政局支持下，由北京市农林科学院信

92

息技术研究中心承担建设的我国第一个精准农业技术研究试验示范基地，2002年10月竣工完成，占地2 500亩，总投资5 209万元（图2）。该基地建立了以3S技术为核心和智能化农业机械为支撑的节水、节肥、节药、节能的资源节约型的精准农业技术体系。基地分成四大试验区：

图2　小汤山国家精准农业研究示范基地

（1）大田精准生产试验示范区。集成现代信息技术和智能装备技术，在定量决策的基础上，生成施肥、灌溉和喷药处方图后，由机械进行精准施肥、灌溉和喷药作业，实现了作物管理定量决策、定位投入和变量实施的精准作业管理。

（2）设施精准生产试验示范区。集成传感技术、电子技术、通讯技术、计算机技术、网络技术、智能技术，根据作物生长发育规律对温室环境进行智能调控，进行了"温室娃娃"，温室环境智能监控与管理系统、移动式温室精准施肥系统、移动式温室精准施药系统、静电精准施药系统等应用。

（3）果园精准生产试验示范区。重点示范果园精准生产管理技术，包括智能语言驱鸟器、精准自动化灌溉系统、果园对靶精准施药技术等。

（4）精准灌溉试验区。将农艺节水和工程节水有效链接，通过远程监控节水技术、精确灌溉技术、节水专家系统和墒情监测技术实现"工程节水"与"管理节水"的对接，进行了绿水系列节水灌溉信息采集与控制系统，墒情监测系统，地下滴灌系统和负水头灌溉系统等应用示范。

基地实现了肥水药等生产要素按需精准定位投入，提高了资源利用率，减小了施用化肥、农药造成的环境污染，成为全国现代农业高技术的示范窗口。依托基地研发的技术产品50多个，已经在全国14个省市得到不同程度的示范应用，已经成为我国现代农业高技术的重要展示平台。

全国农业技术推广服务中心组织各省（区、市）测报人员和有关专家会商了2016年农作物重大病虫害发生趋势。由于病虫源发生基数较高、冬春季气候和作物种植有利等因

《植物化学保护》教学案例

素影响，预计 2016 年我国农作物重大病虫害总体为偏重发生年份，全国累计发生面积约 55 亿亩次。其中，小麦赤霉病、黏虫、水稻"两迁"害虫等流行性和迁飞性病虫害重发风险高于上年，水稻纹枯病、水稻螟虫、小麦蚜虫、玉米螟发生区域广、为害重，稻瘟病、小麦条锈病、玉米大斑病、马铃薯晚疫病在部分地区有偏重发生可能，飞蝗和草地螟总体发生平稳。水稻"两迁"害虫据监测，"两迁"害虫 2015 年秋季回迁虫量较高，长江中下游、江南和华南稻区灯下诱虫量平均比常年高 8%。据国家气候中心监测和预测，截至 12 月 26 日，海温距平累计值为 23℃，月海温距平最大值已达到 2.3℃，为历史第二强厄尔尼诺事件，且将持续至 2016 年春季。研究表明，厄尔尼诺强发生年的当年和次年往往是水稻病虫害高发年。本次厄尔尼诺事件将导致南方稻区冬春气温正常或偏高、降水偏多、汛期提前、时空分布不均，这样的气候条件有利于我国和越南"两迁"害虫越冬和虫源积累，增加发生基数，亦导致"两迁"害虫迁入期提前，迁入量增加，局部出现集中降落为害。我国南方稻区单、双季稻混栽，以粗秆大穗、优质高产型品种为主，易形成适温高湿的田间小气候，且栽插期、生育期不整齐，桥梁田多，有利于"两迁"害虫辗转为害，加重为害程度。预计 2016 年稻飞虱总体偏重至大发生，程度将明显重于近年，发生面积 4.3 亿亩次，华南、江南、长江中下游稻区大发生，西南、江淮稻区偏重发生。稻纵卷叶螟总体偏重发生，发生面积 3.2 亿亩次，黔东、湘西、江南和长江中下游湖库、沿江稻区大发生，西南大部稻区中等发生。水稻纹枯病在我国主产稻区连年发生，田间菌源基数不断积累，大部稻区具备中等以上发生程度的菌源基础。据预测，2015 年冬季（2015 年 12 月至 2016 年 2 月）、2016 年春季（3—5 月），西南、江南和华南稻区温度偏高，降水偏多。目前我国各稻区主栽的粗秆大穗高产品种多为感病品种，温湿条件和种植制度适合水稻主产区纹枯病越冬和病害流行。预计 2016 年水稻纹枯病偏重至大发生，发生面积 2.7 亿亩，华南、江南、长江中下游稻区大发生，西南北部和江淮稻区偏重发生，西南南部和东北稻区中等发生。水稻螟虫冬前调查，2015 年二化螟越冬虫源面积和基数偏高，全国虫源面积比 2014 年增加 10.8%，华南南部、江南、长江中游、东北大部稻区亩活虫数为 2 500~5 000 头，其中江西、黑龙江亩活虫数分别同比增加 34.8%、65.9%，具备偏重以上发生程度的虫源基数。我国主产稻区机收面积大、残留稻桩高，秸秆粗大品种比例高，有利于水稻螟虫的越冬、发生和繁殖。预计 2016 年水稻螟虫总体中等发生，发生面积 2.8 亿亩次，其中，二化螟在江南和长江中下游单双季稻混栽区和西南北部稻区偏重发生；三化螟在华南、西南北部稻区中等发生；大螟在长江中下游部分稻区呈上升趋势。黏虫 2015 年三代黏虫为害程度明显重于上年，部分区域重于 2013 年，积累了大量有效虫源。夏末秋初，东北、华北、黄淮、长江中下游、江南、华南和西南地区高空测报灯均诱到黏虫成虫，诱虫量属较高年份。预测 2016 年春季，长江中下游至黄淮南部降水偏多、气温接近常年，对黏虫种群冬春季繁衍和发生为害有利。预计 2016 年黏虫总体为偏重发生，发生面积可达 1 亿亩次，其中黄淮、华北和东北等地玉米为主的禾谷类作物局部田块黏虫高密度集中为害的风险较高。小麦蚜虫冬前调查，蚜虫在江淮、黄淮、华北和西北麦区普遍发生，发生面积与 2014 年持平，预测 2016 年春季，大部麦区气温接近常年同期，华北、黄淮中北部和西南大部降水偏少，冬春季气候对蚜虫越冬和发生为害有利。2015 年全国冬小麦种植面积稳中略增，苗情长势较好，江淮、黄淮和华北主产麦区主栽

94

品种对蚜虫的抗性普遍较差，有利于蚜虫发生为害。预计 2016 年小麦蚜虫总体偏重发生，发生面积 2.6 亿亩次。其中，山东、河北大发生，四川、宁夏、华北和黄淮的其他麦区偏重发生，长江中下游麦区大部、西南、西北的其他麦区中等发生。小麦条锈病冬前调查，2015 年小麦秋苗发生面积小、总体病情偏轻。预测 2016 年春季，西北地区东部、长江中下游至黄淮南部区域降水偏多，其中甘肃大部、宁夏、陕西西部、山东南部、河南东南部、湖北东部偏多 2~5 成，对条锈病春季流行十分有利。目前我国大部麦区种植品种抗锈性较差，特别是 2012 年以来，条锈菌新致病类群"贵农 22"在甘肃、四川等部分地区上升为优势类群，加速了小麦品种抗锈性的丧失，导致病害加重。预计 2016 年条锈病总体中等发生，发生面积约 3 700 万亩。其中，湖北江汉平原及西北部、陕西南部及关中西部、甘肃陇南及陇中晚熟麦区、四川东北部沿江河流域、河南南部、新疆伊犁河谷东部及塔城盆地局部地区偏重流行，西南其他麦区、甘肃大部、陕西其他地区、河南大部、宁夏南部、青海东部和新疆其他麦区中等流行。2016 年春季，东北大部降水偏多、气温偏低，有利于一代玉米螟成虫集中羽化。东北、华北等大部地区品种抗性差，对玉米螟种群繁殖为害有利。预计 2016 年玉米螟发生面积为 3.5 亿亩次，其中，一代在东北大部偏重发生，华北、黄淮和西南部分地区中等发生，发生面积为 1.5 亿亩；二代在辽宁、内蒙古、新疆和云南偏重发生，东北、华北、西南大部中等发生，发生面积为 1.2 亿亩；三代在黄淮海大部中等发生，发生面积为 8 000 万亩。飞蝗据调查，2015 年东亚飞蝗残蝗高密度面积、西藏飞蝗残蝗面积和密度高于 2014 年，亚洲飞蝗残蝗面积和密度偏低。气候预测，2016 年春季，除新疆北部气温偏低外，其他蝗区正常或偏高，降水除黄淮南部偏多外，其他大部地区正常或偏少，对飞蝗发生总体有利。东亚飞蝗部分蝗区水库水位下降，宜蝗面积扩大，生态环境也有利于蝗虫发生。预计 2016 年东亚飞蝗总体中等发生。预计 2016 年草地螟一代在西北、华北、东北大部轻发生，发生面积约 100 万亩。由于蒙古、哈萨克斯坦等地虫源不清，不排除一代成虫集中迁入造成二代幼虫发生为害的可能。气候型流行性病害赤霉病、稻瘟病、大斑病、晚疫病分别是我国小麦、水稻、玉米和马铃薯四大粮食作物发生最严重的气候型流行性病害。预计 2016 年小麦赤霉病发生面积可达 1 亿亩。其中，湖北东部和江汉平原、安徽沿淮及其以南、江苏沿江和苏南、浙江北部、上海沿海麦区有大流行的风险，长江中下游其他麦区和黄淮麦区有偏重流行、华北和西南等麦区有中等流行的可能。稻瘟病总体中等，局部偏重发生，程度重于 2015 年，发生面积 8 000 万亩次，其中华南、西南东部、江南、长江中下游、东北等部分稻区偏重流行，感病品种有大流行的风险。玉米大斑病发生面积 9 000 万亩，在黑龙江、内蒙古自治区东北部等地大发生，东北、华北大部为偏重发生，西南大部中等发生。马铃薯晚疫病发生面积 3 500 万亩，在西北、华北、东北、西南产区总体中等发生，西南东部以及甘肃中南部、陕西南部、内蒙古自治区东北部、山西北部、黑龙江中西部、湖北及湖南的西部偏重流行风险高。

二、案例分析

（一）物联网的基础是收集农业信息

物联网农业之所以被认为对于传统农业生产具有颠覆意义，重要一点就是改变了以往农业人员依靠有限农业知识对植物、土壤以及农业环境进行主观判断，传统农业，浇水、施肥、打药，农民全凭经验、靠感觉，随着时间的推移，经验判断有可能出现遗漏乃至断层，而依靠感觉也会造成误判，对于个体生产而言，这样的失误造成的损失不会太大，但是处于企业化的农业生产中，造成的损失就大大增加了。所以，"感知农业"的优势就在此时得以凸显。"感知农业"通过室内传感器"捕捉"各项数据，经数据采集控制器汇总、中控室电脑分析处理，结果即时显示在屏幕上。这其中就包括温度、湿度、光照、二氧化碳浓度等，中央计算机还会通过计算给出决策方案，农业人员只需根据方案进行浇水、施肥或者改善植物生长环境。精确的"感知"才是物联网能够发挥出巨大优势的基础（图3、图4）。

图3　温室中物联网温度、湿度、光照和 CO_2 浓度收集器——传感器

（二）物联网的重点是信息传送设备

在通过传感器以及 GPRS 和地理信息系统采集了视频、温度、湿度、光照和土壤等数据之后，还要通过一系列的系统实施操作，例如进行精准施肥、施药、灌溉以及光照，在实施完成之后，还可收集反馈信息以做进一步的判断。从收集信息——作出决策——实施操作——后续反馈，这是一个完成的"链条"，如果缺少其中任何一个环节，都难以称之为智能农业。除此之外，在作物生长周期内，从播种到收割，以致仓储，都需要相应的科技装备支撑，这样才能大幅高效地提升农业生产效率（图5、图6）。

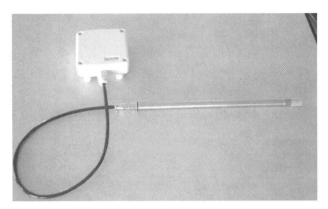

图 4　传感器

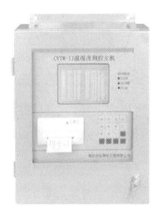

图 5　温度、湿度、光照和 CO_2 浓度显示器

图 6　物联网控制中心

（三）物联网的关键是解决方案

农业物联网的"武器"就是物联网产品，即农业生产解决方案。以小汤山国家精准农业示范基地为例，基地就安装了绿地自动化灌溉系统，这套系统主要采用喷灌灌溉方式，控制4个电磁阀开启，检测的项目主要有风速和空气温湿度信息。自动控制系统与上位机通过485方式进行通讯，用户还可以通过手机短信进行控制（图7、图8）。

图7 数据传输设备

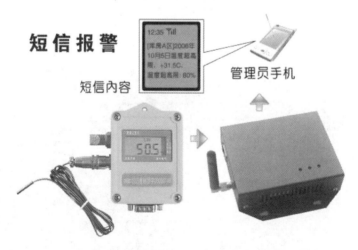

图8 物联网温度异常向管理员手机报警

（四）植保精准施药技术的关键是装备

结合农学、农药、植保等相关学科优势，将遥感技术、传感器探测技术、机电一体化技术、导航技术、信号采集及数据处理等多种现代化技术与方法应用于精准施药技术装备。

1. 果园自动对靶静电喷雾机

自动对靶喷雾机，将目标物探测、自动化控制技术与喷雾技术相结合，靶标探测"电子眼"发现靶标（果树枝叶）时，喷雾机自动控制系统打开喷雾系统进行对靶喷雾，在没有果树枝叶的空挡，"电子眼"把信号传给自动控制系统，将喷雾系统关闭，喷雾机不对外喷雾施药，实现"有靶标时进行喷雾，没有靶标不喷雾"的作业要求。同时，该喷雾机融合静电喷雾技术，应用高压静电（电晕荷电方式）使雾滴带电，带电的细雾滴作定向运动趋向植株靶标，最后吸附在靶标上，其沉积率显著提高，在靶标上附着量增大，覆盖均匀，沉降速度增快，尤其是提高了在靶标叶片的背面的沉积量，减少了漂移和流失。自动对靶静电喷雾技术的应用至少可节省农药50%～80%以上，明显提高了农药的利用率和防治效率、可大幅度地减少农药使用引起的环境污染（图9）。

图9　果园自动对靶静电喷雾机

2. 自走式精准变量喷杆喷雾机

该喷雾机集合GPS导航定位、多传感器数据采集、单片机自动化控制、Windows程序界面可视化、机电液一体化等多种现代化技术手段，参考作物种类、病虫草害发生情况自动调整单位面积施药量，并根据喷雾压力、运行速度、喷头流量实时调整喷雾机运行速度、管路液压和喷头流量。通过试验证明，该机作业过程中喷杆各处雾滴分布均匀性变异系数小于10%，单位面积施药量误差低于8%，定位精度控制在10cm以内，保证单位面积施药量保持一致，实现药液均匀喷洒到靶标作物（图10）。

3. 植保无人机

植保无人机装机容量可挂载5～20L的药箱，喷幅在5～20m，可适用于不同的施药条件，喷雾作业效率高达6hm^2/h，能有效及时防治水稻病虫草害。至今，全国农业航空技术95%以上用于航空植保作业，还有5%左右用于农情信息获取、航空拍摄、农作物的辅助育种等。大大提高了工作效率，且减少了农药浪费、保护了环境，为实现复杂的变量喷洒提供了可能，或将有利于改变传统农业劳动力人口需求过多的状况，推动农业向简约

图10 高架自走喷杆式喷雾机

化、精准化及可持续化发展（图11）。

图11 植保无人机

利用先进传感技术、电子信息和自动化等先进技术，加快推进研发精准施药技术与装备，突破我国植保作业中的瓶颈技术，对提高植物病、虫、草害防治能力，促进农业稳定发展和农民增收具有重要意义。

【问题】

1. 精准农业怎样控制作物、蔬菜、果树等病虫害发生？

2. 精准农业与物联网的关系是什么？

3. 大田作物病虫害怎么做到精准防控？

三、补充材料

（一）精准农业

精准农业又称为精确农业或精细农作，发源于美国。精准农业是以信息技术为支撑，根据空间变异，定位、定时、定量地实施一整套现代化农事操作与管理的系统，是信息技术与农业生产全面结合的一种新型农业。精准农业是近年出现的专门用于大田作物种植的综合集成的高科技农业应用系统。

精准农业是美国等经济发达国家在20世纪80年代末期继LISA（低投入可持续农业）后，为适应信息化社会发展要求对农业发展提出的一个新的课题。精准农业又称精细农业、精确农业、精准农作，是一种基于信息和知识管理的现代农业生产系统。精准农业采用3S（GPS、GIS和RS）等高新技术与现代农业技术相结合，对农资、农作实施精确定时、定位、定量控制的现代化农业生产技术，可最大限度地提高农业生产力，是实现优质、高产、低耗和环保的可持续发展农业的有效途径。

精准农业是通过3S技术和自动化技术的综合应用，按照田间每一块操作单元上的具体条件，更好地利用耕地资源潜力、科学合理利用物资投入，以提高农作物产量和品质、降低生产成本、减少农业活动带来的污染和改善环境质量为目的，相对于传统农业的最大特点是：以高新技术投入和科学管理换取对自然资源的最大节约和对农业产出的最大索取，主要体现在农业生产手段之精新，农业资源投入之精省，农业生产过程运作和管理之精准，农用土壤之精培，农业产出之优质、高效、低耗。

精准农业是由信息技术支持的根据空间变异，定位、定时、定量地实施一整套现代化农事操作技术与管理的系统，其基本含义是根据作物生长的土壤性状，调节对作物的投入，即一方面查清田块内部的土壤性状与生产力空间变异，另一方面确定农作物的生产目标，进行定位的"系统诊断、优化配方、技术组装、科学管理"，调动土壤生产力，以最少的或最节省的投入达到同等收入或更高的收入，并改善环境，高效地利用各类农业资源，取得经济效益和环境效益。精准农业的核心是建立一个完善的果园地理信息系统（GIS），可以说是信息技术与农业生产全面结合的一种新型农业。精准农业并不过分强调高产，而主要强调效益。它将农业带入数字和信息时代，是21世纪农业的重要发展方向。

精准农业的技术原理是，根据土壤肥力和作物生长状况的空间差异，调节对作物的投入，在对耕地和作物长势进行定量的实时诊断并充分了解大田生产力的空间变异的基础上，以平衡地力、提高产量为目标，实施定位、定量的精准田间管理，实现高效利用各类农业资源和改善环境这一可持续发展目标。实施精准农业不但可以最大限度地提高农业生产力，而且能够实现优质、高产、低耗和环保的农业可持续发展的目标。

精准农业由10个系统组成：

全球定位系统，用于信息获取和实施的准确定位，它的定位精度高，根据不同的目的可自由选择不同精度的GPS系统；

农田信息采集系统；

农田遥感监测系统；

农田地理信息系统，它是构成农作物精准管理空间信息数据库的有力工具，田间信息通过GIS系统予以表达和处理，是精准农业实施的重要手段；

精准农业还包括农业专家系统、智能化农机具系统、环境监测系统、系统集成、网络化管理系统和培训系统。其核心是建立一个完善的农田地理信息系统，可以说是信息技术与农业生产全面结合的一种新型农业。

（二）物联网

是指通过各种信息传感设备，实时采集任何需要监控、连接、互动的物体或过程等各种需要的信息，与互联网结合形成的一个巨大网络。其目的是实现物与物、物与人，所有的物品与网络的连接，方便识别、管理和控制。通俗地说，物联网就是物物相连的互联网。这有两层意思：其一，物联网的核心和基础仍然是互联网，是在互联网基础上的延伸和扩展的网络；其二，其用户端延伸和扩展到了任何物品与物品之间，进行信息交换和通信，也就是物物相息。物联网通过智能感知、识别技术与普适计算等通信感知技术，广泛应用于网络的融合中，也因此被称为继计算机、互联网之后世界信息产业发展的第三次浪潮（图12）。

物联网关键技术包括：

（1）传感器技术。这也是计算机应用中的关键技术。大家都知道，到目前为止绝大部分计算机处理的都是数字信号。自从有计算机以来就需要传感器把模拟信号转换成数字信号计算机才能处理。

（2）RFID 标签。也是一种传感器技术，RFID 技术是融合了无线射频技术和嵌入式技术为一体的综合技术，RFID 在自动识别、物品物流管理有着广阔的应用前景。

（3）嵌入式系统技术。是综合了计算机软硬件、传感器技术、集成电路技术、电子应用技术为一体的复杂技术。如果把物联网用人体做一个简单比喻，传感器相当于人的眼睛、鼻子、皮肤等感官，网络就是神经系统用来传递信息，嵌入式系统则是人的大脑，在接收到信息后要进行分类处理。

图12　物联网图示

四、参考文献

何雄奎 . 2017. 植保精准施药技术装备［J］. 农业工程技术（30）：22-26.

李瑾，郭美荣，高亮亮 . 2015. 农业物联网技术应用及创新发展策略［J］. 农业工程学报（2）：200-209.

王玲.2017.多旋翼植保无人机低空雾滴沉积规律及变量喷施测控技术［D］.北京：中国农业大学.

王玺.2016.基于物联网时代农业信息化发展研究［D］.长沙：湖南农业大学.

吴彦强.2017.风幕式高地隙喷杆喷雾机的研制与试验［D］.泰安：山东农业大学.

张国龙.2017.棉蚜发生量信息快速获取方法与监测模型的建立研究［D］.石河子：石河子大学.

张向飞.2016.基于农业物联网的数据智能传输与大田监测应用［D］.上海：东华大学.

周炜.2017.智能农业大棚物联网研究与应用［D］.长春：长春工业大学.

案例十　互联网+下的中国农业何去何从
——"三只松鼠创造的奇迹"

一、案例材料

2012 年 2 月 16 日，三只松鼠 5 名创业初始团队在安徽芜湖创建三只松鼠品牌（图 1），同年 6 月 19 日，在淘宝（天猫商城）试运营上线，7 天时间完成 1 000 单的销售；7 月 22 日，销售进入天猫商城坚果类目 50 名排行；8 月 23 日，从第一单到日销售 1 000 单（10 万元），三只松鼠仅仅用了 63 天，创电商发展速度的奇迹；2012 年 8 月 25 日，三只松鼠上线的第 65 天，在天猫坚果类目销售跃居第一名；2012 年 11 月 11 日，首次参加双十一大促，上线仅 4 个多月的三只松鼠旗舰店当日成交额 766 万元，一举夺得零食坚果特产类目第一名，并且成功在约定时间内发完近 10 万笔订单。

图 1　三只松鼠的标识

成为行业一支快速发展的标杆，也再次创造了中国食品电商的奇迹，从此奠定了三只松鼠在互联网食品品牌的领头羊地位。2013 年天猫双十一活动中，单日销售额达 3 562 万元的行业神话，连续两年蝉联食品电商行业冠军。刷新了天猫食品行业单店日销售额最高纪录，名列零食特产类销售第一名；2013 年 6 月 19 日，在不依赖淘宝宣传、仅靠老顾客影响力的情况下，日销售突破 300 万元，整个周年庆活动期间共计销售额 700 万元，再创行业奇迹；2013 年 12 月 12 日，日销售额突破 2 020 万元，全网食品销售冠军；2013 年 12 月 27 日，全网年销售突破 3 亿元；2014 年 1 月，月度销售额突破 1.6 亿元，再次演绎了松鼠价值观的强大。从 2013 年到 2015 年三只松鼠年销售额分别为 3 亿元、10 亿元和 25

亿元。

二、案例分析

（一）三只松鼠 LOGO 的企业定位

三只松鼠是一家以坚果、干果、茶叶等森林食品的研发、分装及网络自有 B2C 品牌销售、打造一个互联网时代的生态农业产业链的现代化新型企业。小美张开双手，寓意拥抱和爱戴我们的每一位主人；小酷紧握拳头，象征我们拥有强大的团队和力量；小贱手势向上的 style，象征着我们的青春活力，和永不止步，勇往直前的态度。

（二）主推产品

1. 坚果系列

碧根果：全世界 17 种山核桃之一，属纯野生果类，是集山地之灵气哺育而成，无任何公害污染的天然绿色食品。

夏威夷果：又名"澳洲坚果"，被认为是世界上最好的桌上坚果之一。果仁香酥滑嫩可口，有独特的奶油香味，是世界上品质最佳的食用坚果。

吊瓜子：本名栝楼籽。吊瓜籽粒大肉多，含丰富的不饱和脂肪酸、蛋白质和多种氨基酸和微量元素，是食用瓜子中的上品。

腰果：腰果仁是名贵的干果和高级菜肴，含蛋白质达 21%，含油率达 40%，各种维生素含量也都很高，为世界"四大坚果"（核桃、扁桃和榛子）之一。

2. 干果系列

和田玉枣：产出地和田的大红枣，个大、皮薄、核小、肉厚、颜好、干而不皱，维生素 C 含量高于苹果的 70~80 倍，碳水化合物含量比各种蔬菜和其他水果都高，是很好的食补品。

若羌灰枣：个小美观，呈椭圆形，肉实质脆，果实圆润饱满，晒干后为深红色，吃后满口余香。若羌枣富含维生素 A、B_1、B_2、B_6、B_{12}、C、P 等被誉为"天然维生素丸"，并富含人体所必需的 18 种氨基酸和钙、锌、铁、钾、磷、铜等多种矿物质元素。

黑加仑葡萄干：生长时间长，天生是黑色的外表，世界少见的葡萄干，无籽肉厚，香醇怡人，有葡萄酒的天然芳香，嚼劲十足。

3. 花茶系列

大麦茶：大麦茶是将大麦炒制后再经过沸煮而得，闻之有一股浓浓的麦香，喝大麦茶不但能开胃，还可以助消化，还有减肥的作用。

玄米煎茶：玄米茶以大米为原料，经浸泡、蒸熟、滚炒等工艺制成的玄米与绿茶拼配而成的添香保健茶。既保持有茶叶的自然香气，又增添了炒米的芳香，滋味鲜醇、适口，兼具茶叶的保健功能与大米的营养价值。

荷叶茶：荷叶茶主要具有分解脂肪、消除便秘、利尿 3 种作用，荷叶茶是一种食品而非药类，因此具有无毒、安全的优点。

冻干柠檬片：取一至两片放入杯中，适个人口味加糖，开水冲泡 2~3 分钟即可。如遇色泽变化不影响食用。都说柠檬是女人的水果。一个柠檬能令女人从头美丽到脚——美白、减肥、消斑、美齿、美体、美发、去皱等功效。

（三）战略规划

1. 四个基本点

品牌：让消费者认知三只松鼠品牌；速度：让产品到达消费者手中的速度更快。
服务：让客户得到最具个性化的服务；品质：让产品品质更稳定更安全。

2. 四个现代化

品牌动漫化：让新媒体时代与客户进行更具互动化的沟通。
数据信息平台化：自助研发建立完善的数据信息系统平台。
物流仓储智能化：设置物流可控制节点，完善全国物流仓储规划。
产品信息可追溯化：让产品信息可以追溯到源头，建立产品信息的系统化机制。

（四）销售模式

以互联网技术为依托，利用 B2C 平台实行线上销售。

（五）企业愿望

（1）致力于供应链 IT 化建设，三只松鼠要建设生态农业平台。通过数据和品牌将供应商和消费者联系在一起，解决产品品质和食品安全的问题。

（2）建设专业化物流。三只松鼠将通过大数据分析，在全国范围内分别建成 10 个仓库，根据城市的不同会继续下沉，争取与消费者的距离更近；2016 年，三只松鼠将在 O2O 领域基于无店铺式仓储模式进行探索。

（3）将加速品类拓展，从现在线下线上的全国坚果类销量第一、拓展到全国零食第一。章燎原毫不掩饰在未来三只松鼠的全球野心："从三只松鼠坚果，到全国零食，到最后实现全球食品。"

（4）渠道将成为三只松鼠未来发展的关键。未来我们会基于无店铺模式的 O2O 模式进行探索，既要解决顾客场景化、实时性购物的需求，又要把成本降到最低。"章燎原表示，三只松鼠将会从三线城市、一线城市白领区、大学城、人口密集度高的地方进行尝试。

【问题】

1. 卖萌+产品+数据，三只松鼠如何做到？
2. 网络销售模式有哪些种？中国农药和农产品的销售可以从中学到什么？
3. 淘宝村的出现有什么机密？

三、补充材料

（一）"互联网+"的提出

2012 年 11 月易观国际董事长兼首席执行官于扬易观第五届移动互联网博览会首次提出"互联网+"理念。在未来，"互联网+"公式应该是我们所在的行业的产品和服务，在与我们未来看到的多屏全网跨平台用户场景结合之后产生的这样一种化学公式。

2014 年 11 月，李克强出席首届世界互联网大会时指出，互联网是大众创业、万众创新的新工具。其中"大众创业、万众创新"正是此次政府工作报告中的重要主题，被称作中国经济提质增效升级的"新引擎"。

2015 年 3 月，全国两会上，全国人大代表马化腾提交了《关于以"互联网+"为驱动，推进我国经济社会创新发展的建议》的议案，对经济社会的创新发展提出了建议和看法。他呼吁，我们需要持续以"互联网+"为驱动，鼓励产业创新、促进跨界融合、惠及社会民生，推动我国经济和社会的创新发展。马化腾表示，"互联网+"是指利用互联网的平台、信息通信技术把互联网和包括传统行业在内的各行各业结合起来，从而在新领域创造一种新生态。他希望这种生态战略能够被国家采纳，成为国家战略。

2015 年 3 月 5 日上午十二届全国人大三次会议上，李克强总理在政府工作报告中首次提出"互联网+"行动计划。李克强在政府工作报告中提出，"制定"互联网+"行动计划，推动移动互联网、云计算、大数据、物联网等与现代制造业结合，促进电子商务、工业互联网和互联网金融健康发展，引导互联网企业拓展国际市场。"

2015 年 7 月 4 日，经李克强总理签批，国务院日前印发《关于积极推进"互联网+"行动的指导意见》（以下简称《指导意见》），这是推动互联网由消费领域向生产领域拓展，加速提升产业发展水平，增强各行业创新能力，构筑经济社会发展新优势和新动能的重要举措。

"互联网+"代表一种新的经济形态，即充分发挥互联网在生产要素配置中的优化和集成作用，将互联网的创新成果深度融合于经济社会各领域之中，提升实体经济的创新力和生产力，形成更广泛的以互联网为基础设施和实现工具的经济发展新形态。"互联网+"行动计划将重点促进以云计算、物联网、大数据为代表的新一代信息技术与现代制造业、生产性服务业等的融合创新，发展壮大新兴业态，打造新的产业增长点，为大众创业、万众创新提供环境，为产业智能化提供支撑，增强新的经济发展动力，促进国民经济提质增效升级。

（二）互联网+的六大特征

1. 跨界融合

+就是跨界，就是变革，就是开放，就是重塑融合。敢于跨界了，创新的基础就更坚实；融合协同了，群体智能才会实现，从研发到产业化的路径才会更垂直。融合本身也指代身份的融合，客户消费转化为投资，伙伴参与创新，等等，不一而足。

2. 创新驱动

中国粗放的资源驱动型增长方式早就难以为继，必须转变到创新驱动发展这条正确的道路上来。这正是互联网的特质，用所谓的互联网思维来求变、自我革命，也更能发挥创新的力量。

3. 重塑结构

信息革命、全球化、互联网业已打破了原有的社会结构、经济结构、地缘结构、文化结构。权力、议事规则、话语权不断在发生变化。互联网+社会治理、虚拟社会治理会是很大的不同。

4. 尊重人性

人性的光辉是推动科技进步、经济增长、社会进步、文化繁荣的最根本的力量，互联网的力量之强大最根本地也来源于对人性的最大限度的尊重、对人体验的敬畏、对人的创造性发挥的重视。例如 UGC，例如卷入式营销，例如分享经济。

5. 开放生态

关于互联网+，生态是非常重要的特征，而生态的本身就是开放的。我们推进互联网+，其中一个重要的方向就是要把过去制约创新的环节化解掉，把孤岛式创新连接起来，让研发由人性决定的市场驱动，让创业并努力者有机会实现价值。

6. 连接一切

连接是有层次的，可连接性是有差异的，连接的价值是相差很大的，但是连接一切是互联网+的目标。

（三）电子商务基本类型模式

电子商务营销通过一系列有计划，有策略，有预算和效果分析的营销作业，企业网络营销效果不是单一的推广产品带来的，而是整合企业和互联网信息资源，从而针对性的开展网络营销推广，以达到低成本、高回报的商业目的。传统企业如何网络营销，即把企业所处的行业和企业本身现有的资源扩充到互联网行业，通过整合并提供产品销售，以个性化营销为目的的解决方案，填补国内外经济模式所产生的变革，以更低的成本为传统行业解决信息流、资金流、物流等问题。

1. B2B（Business-to-Business）

B2B 是指一个市场领域的一种营销模式，是企业对企业之间的营销关系。电子商务是现代 B2B marketing 的一种具体主要的表现形式。它将企业内部网，通过 B2B 网站与客户紧密结合起来，通过网络的快速反应，为客户提供更好的服务，从而促进企业的业务发展。据《中国行业电子商务网站调查报告》显示，从 2002 年到 2006 年，国内行业电子商务网站数量持续高速增长，每年平均增速超过 15%，目前有 1 800 多家的行业电子商务网站，2006 年行业电子商务网站中的 51.22% 实现了盈利。其中，45.75% 的行业电子商务网站实现了一年的盈利。5.19% 的网站已持续 6 年盈利。代表网站为阿里巴巴、聪慧网等。

2. B2C（Business-to-Customer）

B2C 是"商对客"是电子商务的一种模式，也就是通常说的直接面向消费者销售产品和服务商业零售模式。这种形式的电子商务一般以网络零售业为主，主要借助于互联网开展在线销售活动。B2C 即企业通过互联网为消费者提供一个新型的购物环境——网上商店，消费者通过网络在网上购物、网上支付等消费行为。代表网站如当当网、天猫商城、京东商城等。

（1）用户管理需求。用户注册及其用户信息管理。

（2）客户需求。提供电子目录，帮助用户搜索、发现需要的商品；进行同类产品比较，帮助用户进行购买决策；商品的评价；购物车；为购买产品下订单；撤销和修改订单；能够通过网络付款；对订单的状态进行跟踪。

（3）销售商的需求。检查客户的注册信息；处理客户订单；完成客户选购产品的结算，处理客户付款；能够进行电子拍卖；能够进行商品信息发布；能够发布和管理网络广告；商品库存管理；能够跟踪产品销售情况；能够和物流配送系统建立接口；与银行之间建立接口；实现客户关系管理；售后服务。vancl-凡客诚品通过网络营销结合 vancl 新品牌上市潜心构建了一套适应 vancl 发展阶段的以 ROI 为核心的网络推广策略，使 vacnl 迅速在 B2C 同行业竞争者中崛起；通过一系列的卖点明确、制作精美的互动广告，使 vancl 在产品销售和品牌形象上同步提升。短短的一年时间，vancl 创造了 B2C 新神话，其选择的媒介首要原则是符合 vancl 的整体营销策略，即在最短的时间之内打开市场并盈利。门户、垂直、社区、cps 联盟以 ROI 为考核标准优胜劣汰，经过媒体测试期、筛选期最终到达成熟稳定期，量身定制出一套完全符合 vancl 整体营销的媒体策略。

3. C2C（Customer to Customer）

C2C 的意思就是个人与个人之间的电子商务。比如一个消费者有一台电脑，通过网络进行交易，把它出售给另外一个消费者，此种交易类型就称为 C2C 电子商务。代表网站如淘宝网、拍拍网等。

【问题】

1. "互联网+"如何深入农业产业链？

2. "互联网+"时代怎样构建现代化农业？

3. "农业+物联网"如何打造智慧型农业？

4. "互联网+"时代，结合所学专业给你的启示是什么？

四、参考文献

裴小军 . 2016. 互联网+农业打造全新的农业生态圈 [M]. 北京：中国经济出版社 .
魏延安 . 2016. 农村电商互联网+三农案例与模式 [M]. 北京：电子工业出版社 .

附　　录

一、2017 年新登记的农药

1. 按登记类别统计

2017 年新增农药登记：3 913 个，其中：大田正式登记：3 365 个；大田临时登记：385 个；卫生正式登记：153 个；卫生临时登记：10 个。

2. 按剂型统计

悬浮剂：976 个；原药：418 个；水剂：413 个；水分散粒剂：385 个；可湿性粉剂：300 个；可分散油悬浮剂：292 个；乳油：206 个；颗粒剂：136 个；水乳剂：134 个；悬浮种衣剂：116 个；微乳剂：97 个；悬乳剂：60 个；其他：380 个。

3. 按毒性统计

低毒：3 138 个；微毒：440 个；中等毒：191 个；低毒（原药高毒）：105 个；中等毒（原药高毒）：37 个；其他：2 个。

4. 按农药类别分

农药除草剂：1 424 个；杀菌剂：1 176 个；杀虫剂：935 个；卫生杀虫剂：163 个；植生调：124 个；其他：91 个。

有效成分登记前 10 名见附表 1。

附表 1　有效成分登记前 10 名

序号	统计项目	统计数量
1	吡唑醚菌酯	216
2	草胺膦	178
3	莠去津	177
4	硝磺草酮	145
5	草甘膦	145
6	阿维菌素	142
7	噻虫嗪	139
8	苯醚甲环唑	130
9	戊唑醇	121
10	烟嘧磺隆	117
11	嘧菌酯	107

5. 2017 年度首次登记有效成分（附表 2）

14-羟基芸苔素甾醇、2，4-滴丁酸、β-羽扇豆球蛋白多肽、三氟苯嘧啶、二氢卟吩铁、呋喃磺草酮、异色瓢虫、戊吡虫胍、梨小食心虫性信息素、环氟菌胺、环氧虫啉、糠氨基嘌呤、腈吡螨酯、苏云金杆菌 G033A、解淀粉芽孢杆菌 B1619、解淀粉芽孢杆菌 PQ21。

附表 2　2017 年度首次登记有效成分

	登记证号	有效成分含量	剂型	生产企业
1	PD20171724	14-羟基芸苔素甾醇 5%	母药	成都新朝阳作物科学有限公司
2	LS20170211	2，4-滴丁酸 95%	原药	潍坊先达化工有限公司
3	LS20170283	β-羽扇豆球蛋白多肽 20%	水剂	葡萄牙塞埃韦有限责任公司
4	PD20171741	三氟苯嘧啶 96%	原药	美国杜邦公司
5	PD20170002	呋喃磺草酮 97%	原药	拜耳股份公司
6	LS20170267	异色瓢虫 20 粒卵/卡	卡片	北京阔野田园生物技术有限公司
7	LS20170095	戊吡虫胍 96%	原药	合肥星宇化学有限责任公司
8	LS20170281	梨小食心虫性信息素 95%	原药	常州宁录生物科技有限公司
9	LS20170269	环氟菌胺 98%	原药	日本曹达株式会社
10	LS20170342	环氧虫啉 95%	原药	四川和邦生物科技股份有限公司
11	PD20171718	糠氨基嘌呤 99%	原药	湖北荆洪生物科技股份有限公司
12	LS20170282	腈吡螨酯 95%	原药	日本日产化学工业株式会社
13	PD20171726	苏云金杆菌 G033A 32000IU/mg	可湿性粉剂	武汉科诺生物科技股份有限公司
14	PD20171746	解淀粉芽孢杆菌 B1619 1.2 亿芽孢/g	水分散粒剂	江苏省苏科农化有限责任公司
15	PD20171754	解淀粉芽孢杆菌 PQ21 1000 亿孢子/g	母药	江西顺泉生物科技有限公司
16	LS20170374	二氢卟吩铁 2%	母药	南京百特生物工程有限公司

6. 2017 年首次登记的作物（附表 3）

苗圃（云杉）、蒜薹、观赏菊花（保护地）。

附表 3　2017 年首次登记的作物

登记证号	有效成分含量	剂型	生产企业
LS20170262	乙氧氟草 18% 二氯吡啶酸 9%	悬浮剂	四川利尔作物科学有限公司
PD20172763	咪鲜胺 25%	水乳剂	西安鼎盛生物化工有限公司

（续表）

登记证号	有效成分含量	剂型	生产企业
PD20172701	氰氟虫腙 22%	悬浮剂	陕西美邦农药有限公司
LS20170091	呋虫胺 30%	悬浮剂	陕西汤普森生物科技有限公司

7. 2017 年首次登记的防治对象（附表 4）

夜蛾、树脂病、瘿螨、苹果绵蚜、黑线仓鼠。

附表 4 2017 年首次登记的防治对象

	登记证号	有效成分含量	剂型	生产企业
1	PD20173283	噻虫嗪 12.6% 高效氯氟氰菊酯 9.4%	悬浮剂	瑞士先正达作物保护有限公司
2	PD20171213	克菌丹 80%	水分散粒剂	北京华戎生物激素厂
3	PD20172100	毒死蜱 50%	乳油	印度阿姆卡农化有限公司
4	PD20171008	D 型肉毒梭菌毒素 1 亿毒价/g	浓饵剂	青海绿原生物工程有限公司

二、农药制剂六大发展动向

1. 以传统乳油溶剂改造为突破点，大力开发水基化剂型

根据原药物化性质和防治对象的差别，分别选择以下发展方向：①在水中稳定且溶解度低的液态（或低熔点）原药向水乳剂方向改造。②在水中稳定且溶解度低的固态原药向水悬浮剂方向改造。③在水中不稳定的高熔点原药选择发展水分散粒剂等固体制剂。④对在水中不稳定的液态（或低熔点）原药品种则区别不同情况，选择开发高浓度（或无溶剂）乳油和研制新一代低风险/低 VOC 的乳油品种。

2. 以减少粉尘为重点，更新传统固体制剂，发展水分散粒剂、悬浮剂等

可湿性粉剂、粉剂等固体制剂由于在加工过程和施用过程中的粉尘问题，也迫切需要开发成更为环保安全的剂型，如水分散粒剂、悬浮剂等。相对较为安全的水分散粒剂（WDG）是当今剂型开发的热点，这是由于该剂型施用方便又比较安全，故人们将其与悬浮剂、缓释剂、1g 大粒剂同归为安全、方便的农药剂型，并且水分散粒剂的包装材料也便于处理（采用水溶性包装袋），可减少二次污染。

通常在生产上广泛采用的造粒法为喷雾干燥法造粒、流化床沸腾造粒及挤出造粒 3 种，可根据原药的质量和稳定性能选择相应的造粒法。

3. 以增效/安全/使用方便，为目标开发新制剂

农药剂型技术是一个应用技术，剂型研究围绕着农户施用省力、安全；对施用作物生长安全；确保农产品食用安全；对需要防除的病、虫、草害具有高效性等几个要点展开。农药剂型正向增效、缓释、安全的方向发展。表 5 为农药剂型加工中增效、提高安全性及

省力化的有关技术。

附表5　农药剂型加工中增效、提高安全性及省力化的有关技术

要求	作用和使用方法	新剂型
增效、省力化、提高安全性	缓释控制	缓释剂
	防止粉尘	包装水溶性
	田埂旁施用	飘浮粒剂
	水口施用	水面展开剂
	移栽时处理	育苗箱用处理剂
	育苗箱处理	育苗箱用处理剂
	肥药同用	加入农药肥料

4. 与新型施药器械相匹配，开发新制剂

随着城市化建设的发展，农村劳动力大幅锐减，国家加快农村土地流转和集约化管理的进程，统防统治和专业化防治已日渐普及，无人机植保作业已经成为中国农业发展的新趋势。无人机喷施这一新型的作业方式较传统的喷施方式有很大的改变，对喷施药液具有更高的要求。药液除需具有防漂移功能外，还需兼有展着、成膜等功能，以防药液流失，促进药液的吸收。相配套的剂型或助剂的研究是今后一段时间中国农药剂型发展的一个重要方向。

5. 农药的非农用途的药剂开发

农药的非农市场受气候、环境及价格等的影响相对较少，发展较稳定，最近十几年来农药的非农用途一直呈现稳定增长的态势。公共和家庭卫生用药、鱼牧业防治寄生虫用药、城市绿化用药、工业用抗菌防霉剂等是农药非农用途的几个主要方面。其可观的社会效益和经济效益，必将推动农药的非农用途市场继续发展，更多的农药品种将会扩展其用途，新的非农用途和特殊小型作物的农药品种将继续被开发。与此相关的剂型研究必将是今后农药制剂发展方向之一。考虑到此类用药的特点，可溶液剂和水悬浮剂将会成为此类用药的主打剂型。

6. 生物活体农药的开发

有机合成农药近百年来的过度应用，暴露出越来越多的问题，主要为与环境的相容性较差。近十几年来，全球农药有向生物活体农药发展的趋势。随着菌种类、病毒类等生物活体新农药的开发和产业化，相应的生物农药制剂也将会有较大的发展。由于活体生物对光、温度、水分、酸碱度敏感度高，其配方和加工工艺势必与化学农药存在较大的差异，在此方面的相关技术的研究将会成为今后制剂开发的新领域。